鸡病剖检诊断图解

王少锋　关品卿　刘永明　主编

中国农业大学出版社
·北京·

内容简介

本书从实践的角度，以图文并茂的形式，阐述了鸡的剖检程序与方法，常见病毒病，细菌、霉菌、支原体病，寄生虫病，营养代谢与中毒性疾病的临床症状、剖检病理变化与防制措施；介绍了养鸡注意事项；推荐了种鸡、蛋鸡和肉鸡的免疫程序与规范用药原则。

图书在版编目（CIP）数据

鸡病剖检诊断图解 / 王少锋，关品卿，刘永明主编. — 北京：中国农业大学出版社，2011.12

ISBN 978-7-5655-0420-4

Ⅰ. ①鸡… Ⅱ. ①王…②关…③刘… Ⅲ. ①鸡病-诊疗-图解 Ⅳ. ①S858.31-64

中国版本图书馆CIP数据核字(2011)第195514号

书　　名　鸡病剖检诊断图解
作　　者　王少锋　关品卿　刘永明　主编

策划编辑　赵　中　　**责任编辑**　李丽君
封面设计　郑　川　　**责任校对**　陈　莹　王晓凤
出版发行　中国农业大学出版社
社　　址　北京市海淀区圆明园西路2号　　**邮政编码**　100193
电　　话　发行部　010-62818525，8625　　读者服务部　010-62732336
　　　　　编辑部　010-62732617，2618　　出　版　部　010-62733440
网　　址　http://www.cau.edu.cn/caup　　**e-mail**　cbsszs@cau.edu.cn
经　　销　新华书店
印　　刷　涿州市星河印刷有限公司
版　　次　2011年11月第1版　2011年11月第1次印刷
规　　格　880×1 230　32 开本　2.75 印张　67 千字
定　　价　16.00元

主编：　王少锋　关品卿　刘永明

参编：　杨宝昌　杨春艳　何国新
王　华　韩凤奎　杜　杰

前　　言

近年来，我国畜牧业在各级政府的扶植下，得到了蓬勃健康的迅猛发展，养鸡业已经成为农村致富的一个重要支柱产业。养鸡饲养模式不断创新，饲料报酬不断提高，饲养成本不断下降，防疫灭病的水平也不断提高，优质、高效、低成本的养鸡业不但增加了养鸡户的经济收入，而且丰富了人民群众的餐桌品种，还通过鸡产品的出口增加了外汇收入。

在养鸡产业发展的过程中，对其危害最大、也最困扰的问题就是鸡的防疫灭病问题。实力较强的大型鸡场一般有专职的兽医人员，而中小型鸡场往往没有专职兽医人员，特别是偏远地区，饲养人员发现鸡群不正常，请来专家时，却往往已经错过了治疗的最佳时机，造成了重大损失。所以不管是饲养种鸡、肉鸡，还是蛋鸡，不论是集约化养殖，还是传统养殖，养殖者和基层技术人员不但要学会养鸡技术，掌握防疫免疫程序和操作方法，而且要学会剖检技术，并且能通过对病鸡的观察和剖检确诊常见的鸡病，及时进行科学的治疗，减少经济损失，提高经济效益。

为了适应和满足当前养鸡生产的发展要求，解决鸡病诊断难的问题，本书作者集多年从事禽病研究之经验，运用多年在实践中积累的常见病、多发病典型病例的剖检照片，详细直观地介绍了养鸡生产中鸡的常见病、多发病的临床症状、病理变化、防制措施等知识。读者通过阅读本书对照图解，可达到“看图识病”、快速诊断疾病的目的。本书是一本面向基层专业技术人员和养鸡从业者学习鸡病剖检诊断技术的指导书，有助于广大养鸡技术人员和养鸡从业者掌握常见鸡病诊断技术和防治方法，也是专业兽医人员，防检疫人员必备的参考书。

本书引用了一些专家学者的图片（已注明出处），在此表示衷心感谢！除署名作者及出处者，图片均为刘永明、王少锋拍摄。由于作者水平有限，难免有不足之处，敬请各位专家及广大读者批评指正。

编　者

2011年6月

目　录

第一章　鸡的剖检程序与方法

一、解剖鸡体的外部检查

重点检查病死鸡的营养程度，面部、冠、肉髯的色泽，眼、鼻、口腔有无分泌物及表现形状，肛周有无粪便污染，体表有无肿瘤、痘、疱疮和寄生虫等。

二、解剖鸡体的内部检查

首先处死病鸡，一般采用颈静脉放血法。用剪刀剪断颈部左下侧或右下侧颈静脉，直至病鸡因失血过多而死亡。然后用消毒液浸湿羽毛。从口角处剪开食管（图1–2–1），检查口腔，观察食管黏膜有无病变（图1–2–2），剪开气管检查喉头和气管黏膜有无病变（图1–2–3）。随后将鸡体胸腹朝上平放，切开腹部皮肤（图1–2–4）。剥离腹部、胸部、腿部皮肤，观察皮下和肌肉变化（图1–2–5）。将两腿向背侧用力压至髋关节脱臼，在龙骨后端剪一切口，向前沿肋骨和肋软骨结合处剪断两侧肋骨，然后将胸骨向前掀开，暴露体腔器官（图1–2–6）。检查体腔有无积水、积血和渗出物，查看各器官位置有无异常。气囊是否浑浊、增厚（图1–2–7），肝脏表面是否被覆有渗出物和增生物，心包有无积液和渗出物等（图1–2–8）。

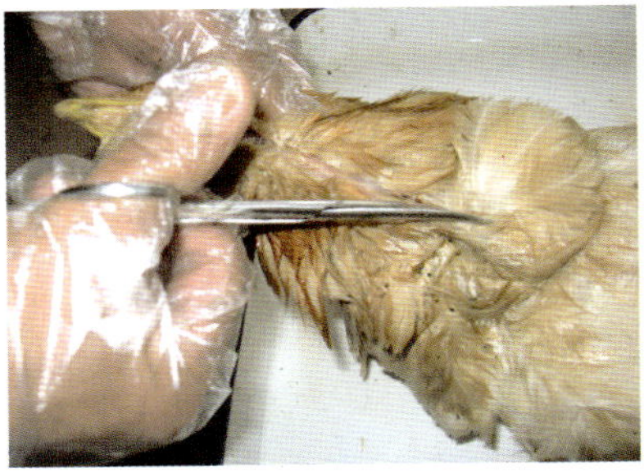

图1-2-1　从口角处剪开食管

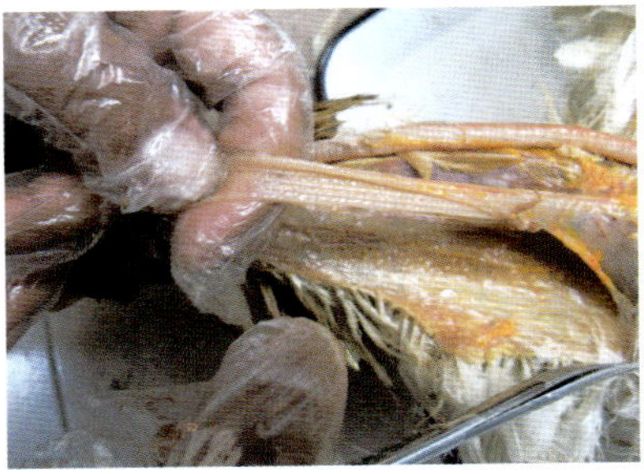

图1-2-2　检查口腔

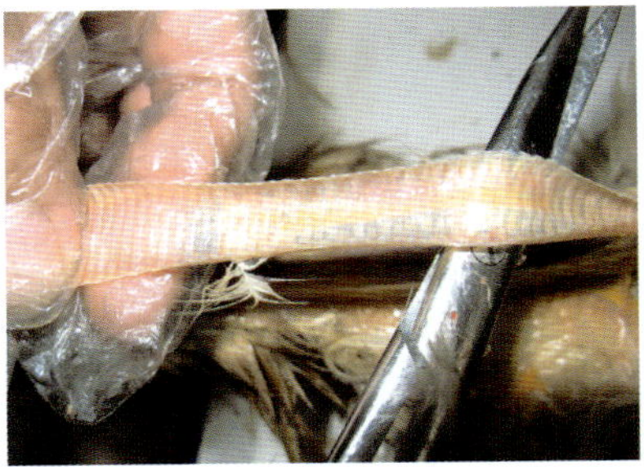

图1-2-3　剪开气管

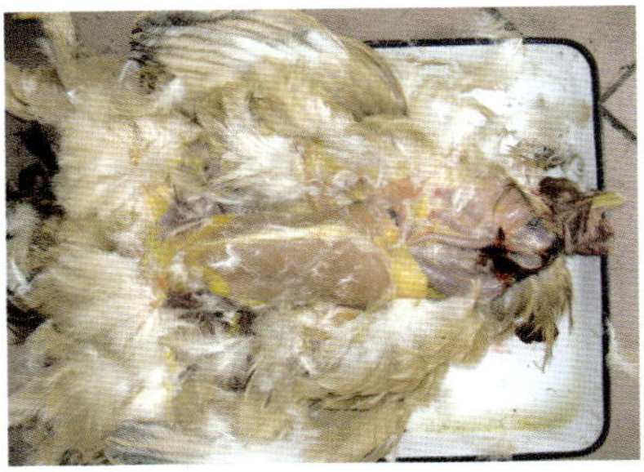

图1-2-4　禽体仰卧，切开腹部皮肤

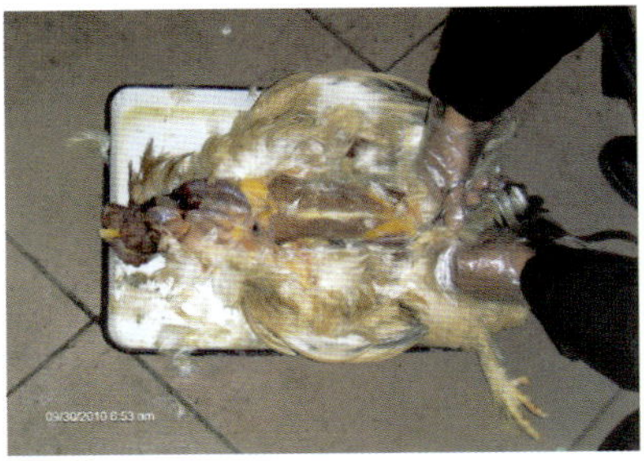

图1-2-5　观察皮下和肌肉变化

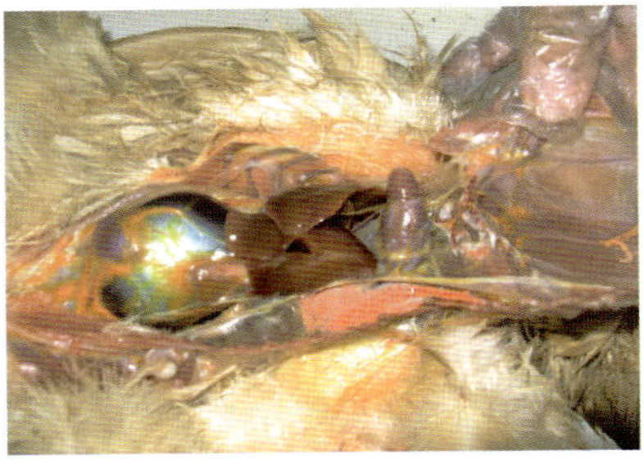

图1-2-6　暴露体腔器官

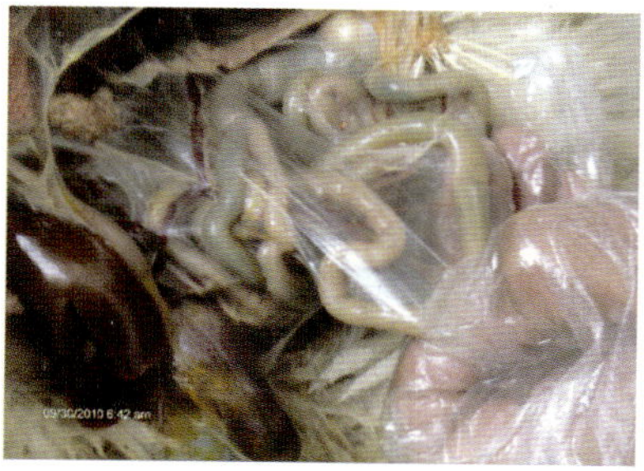

图1-2-7 查看各器官位置和气囊

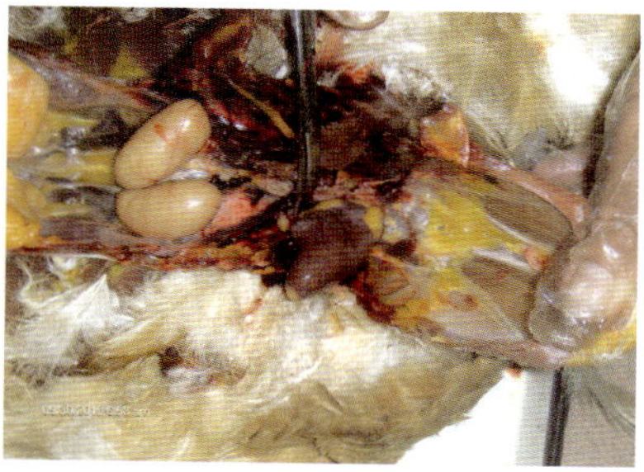

图1-2-8 查看肝脏和心包

三、体腔内器官的检查

检查可以原位或摘出检查，原位检查时将肝、心和胃肠等器官向一侧拉出，检查胃、肠、肝、心、肺、脾、肾脏、输尿管、气囊、卵巢、法氏囊等器官的外部情况和腹腔渗出物，然后剪开腺胃、肌胃、肠管，检查黏膜和内容物的情况（图1–3–1、图1–3–2）。

摘出检查时，剪断胸部两侧肋骨向后牵拉食管,将心、肝、胃、肠、脾等器官取出逐一检查，必要时检查腰荐神经丛、坐骨神经（图1–3–3）、大脑、小脑、脑膜。

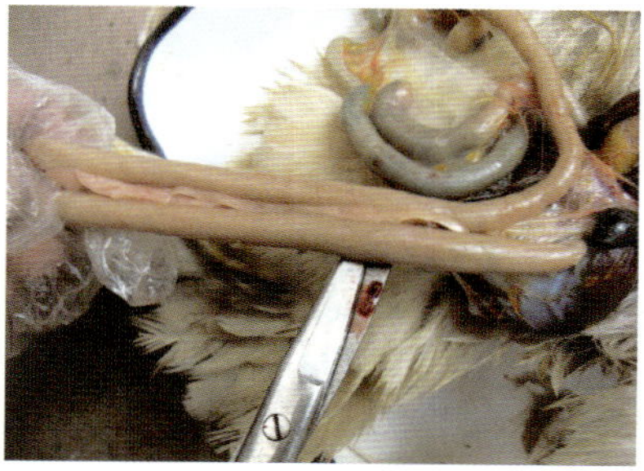

图1–3–1 检查十二指肠及胰腺

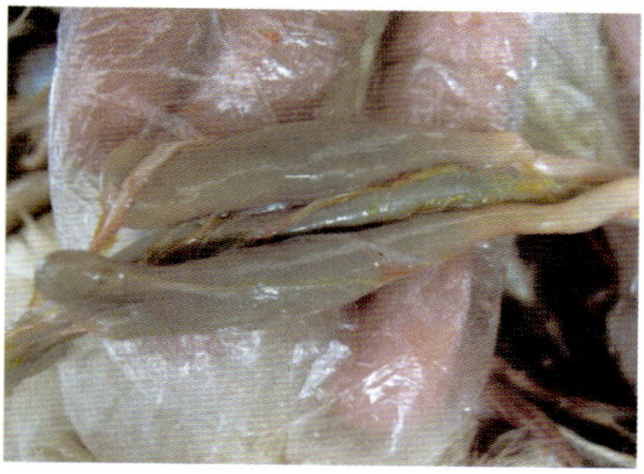

图1–3–2 检查盲肠

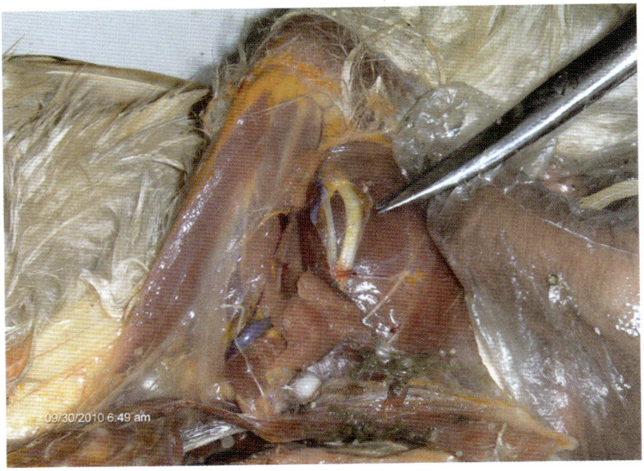

图1-3-3 检查坐骨神经

四、剖检注意事项

1. 对病死鸡剖检时，要防止病原扩散和自身感染。

2. 剖检病死鸡一般要在鸡死亡12 h 内进行，剖检应在自然光线或明亮的灯光下进行。

3. 剖检应在有条件的室内进行，便于消毒和避免病原扩散。或选择室外环境较好，远离水源、禽舍和道路的地方进行。

4. 准备剖检工具和消毒药品等。

5. 做好个人防护工作，必要的工作服、围裙、乳胶手套等。

6. 剖检结束后要对尸体、器具和污染环境喷洒消毒药液，尸体要深埋或焚烧。

第二章　常见病毒病

一、禽流感

（一）临床症状

发病初期，精神委靡(图2–1–1)，食欲减退，体温升高到42℃以上，肿头肿脸，鸡冠发紫，肉髯肿胀（图2–1–2），头部颤抖，“尖声怪叫”增多，排黄绿色稀便（图2–1–3），呼噜，咳嗽，打喷嚏，流鼻涕，病程较长，不易快速治愈。产蛋鸡无产蛋高峰或产蛋高峰期产蛋量迅速下降。肉鸡发病时呼吸道反应较重。常有咳嗽、打蔫儿、采食量减少，增重缓慢，死淘率较高。

图2–1–1　病鸡精神委靡

图2–1–2　眼睑肿胀及鸡冠萎缩坏死

图2-1-3　黄绿色稀便

（二）剖检病理变化

冠髯发绀，颜面肿胀，眼睛流泪，鼻腔分泌物增多，气管弥漫性出血（图2-1-4、图2-1-5），爪部鳞片出血（图2-1-6），爪发红。头部，颈部皮下出血或有胶冻样浸润。胸骨内膜、心内膜、心冠脂肪、腹部脂肪出血（图2-1-7）、肠道黏膜广泛出血。腺胃乳头出血，脓性分泌物，肌胃角质膜易剥离（图2-1-8、图2-1-9）。小肠、直肠、泄殖腔广泛条纹状出血（图2-1-10、图2-1-11）。卵泡易破裂(图2-1-12、图2-1-13)，输卵管中有白色渗出物（图2-1-14、图2-1-15），子宫部水肿。气囊、心包膜、腹膜上见到纤维性渗出物，干酪样物质。肝、脾、胰、肾明显淤血肿大(图2-1-16、图2-1-17)，胰腺坏死（图2-1-18）。

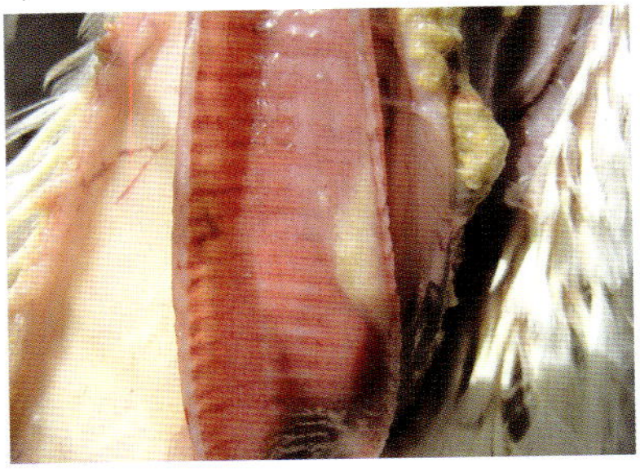

图2-1-4　气管弥漫性出血

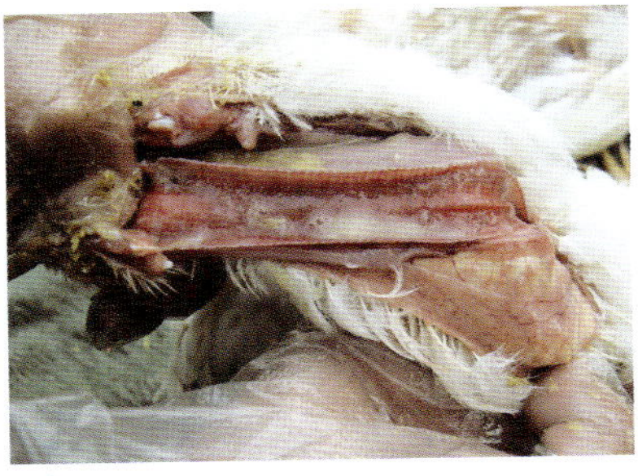

图2-1-5　气管出血、有多量分泌物

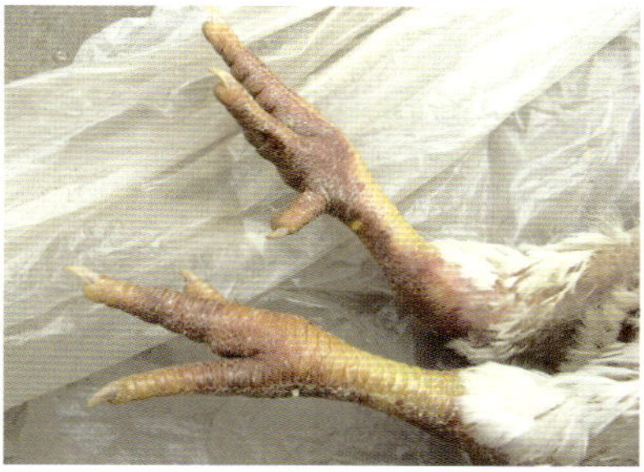

图2-1-6 鸡爪鳞片出血

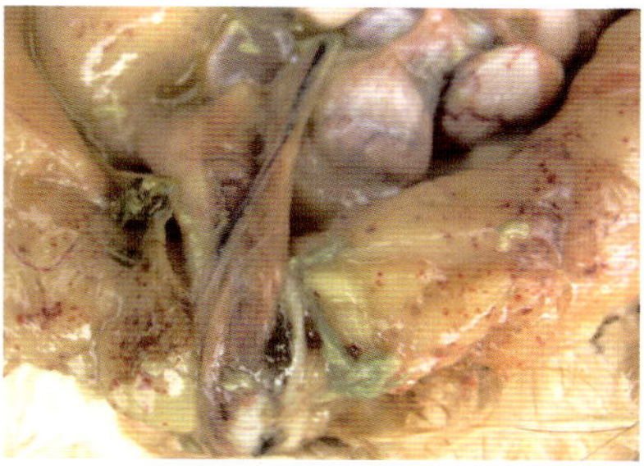

图2-1-7 鸡腹部脂肪出血点

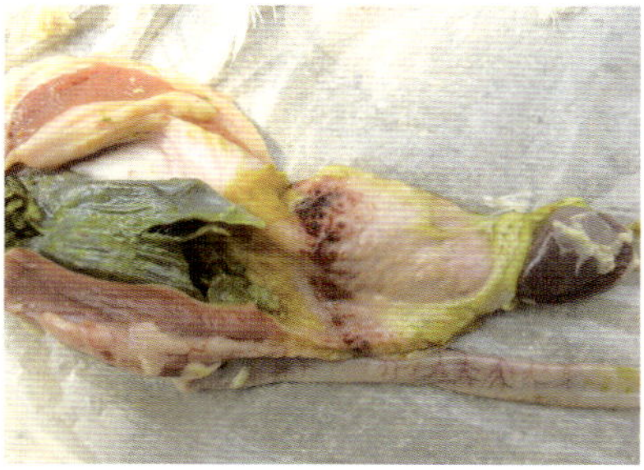

图2-1-8 腺胃乳头出血
及肌胃角质膜易剥离

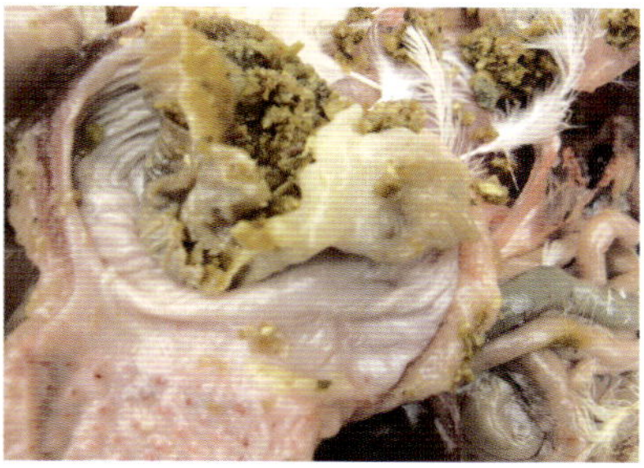

图2-1-9 肌胃角质膜易剥离

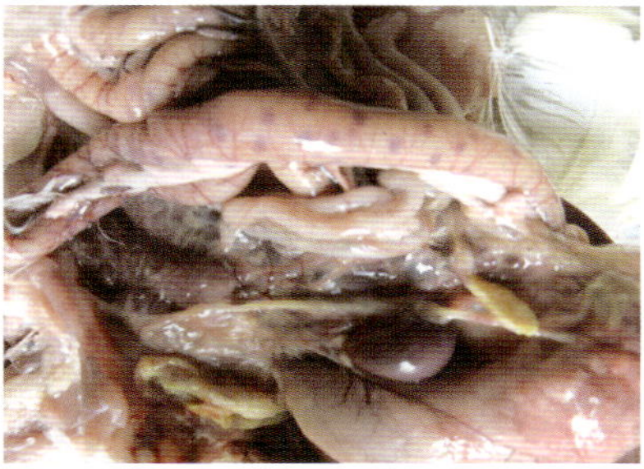

图2-1-10 小肠出血斑点

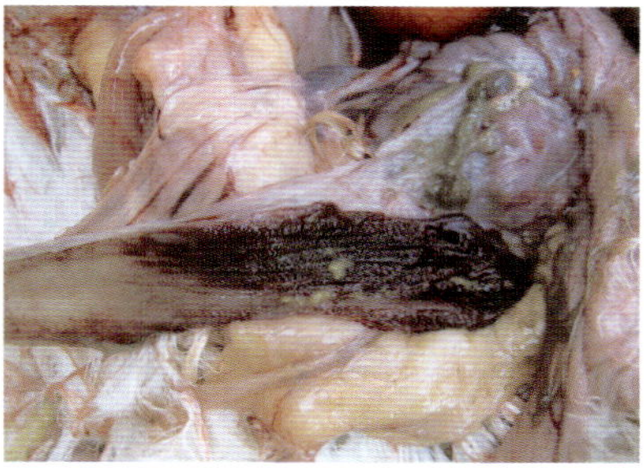

图2-1-11 直肠严重出血

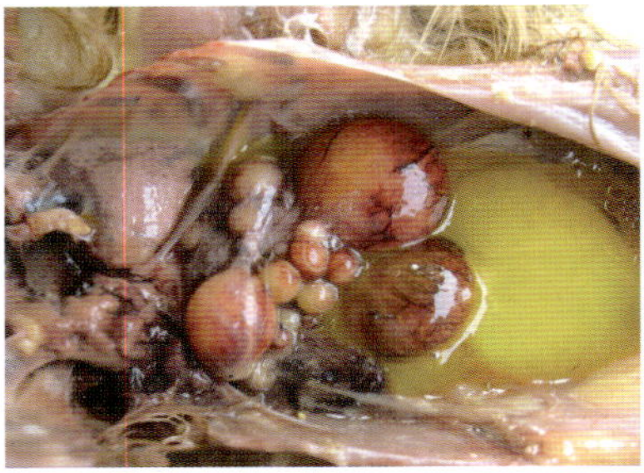

图2-1-12　卵泡易破裂

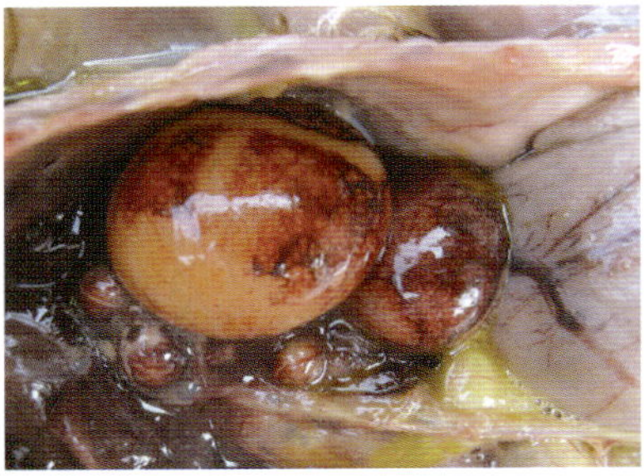

图2-1-13　卵泡充血出血

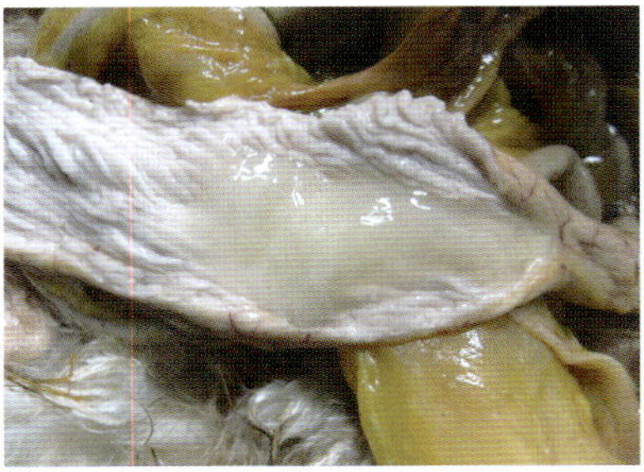

图2-1-14　输卵管蓄积蛋白分泌物

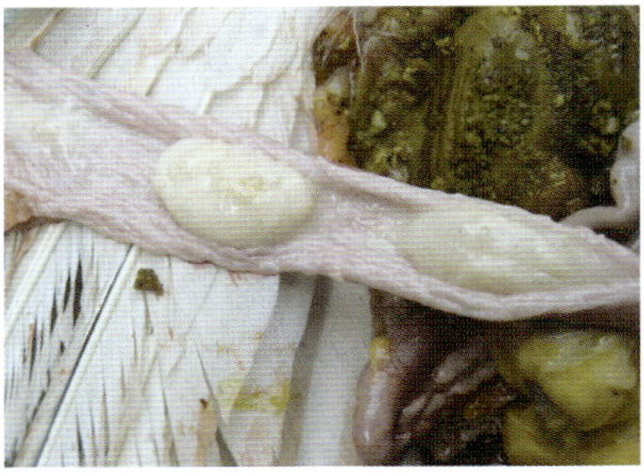

图2-1-15　输卵管蓄积蛋白分泌物

图2-1-16　脾脏肿胀有灰白色坏死灶

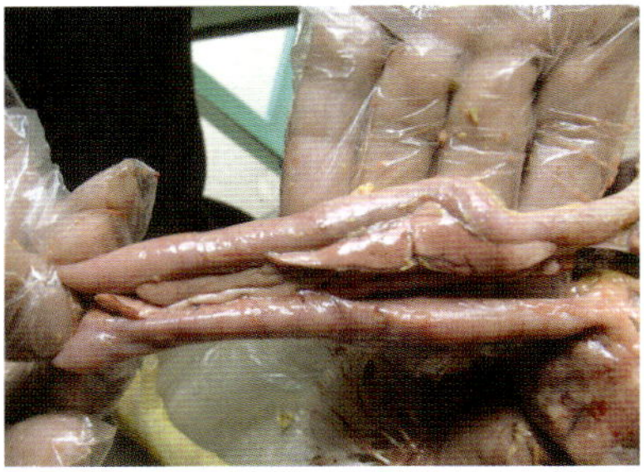

图2-1-17　胰腺肿胀出血

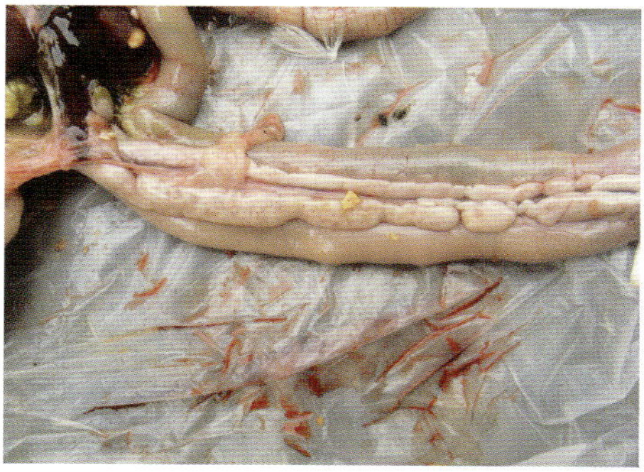

图2-1-18 胰腺坏死

（三）防制措施

1. 加强饲养管理，严格防疫制度，注意防止病原传入鸡群，采取全进全出的饲养方式。

2. 加强免疫工作，禽流感疫苗H5N1Re-4+Re-5；H5、H9每个血清型至少免疫2~3次以上。雏鸡常在5~10日龄进行首免，26~35日龄进行二免，60~70日龄进行三免，120~130日龄进行四免，38~40周进行再次补免，免疫剂量在0.5~1.0 mL/只，药物可选用抗病毒中药如黄芪多糖、双黄连、金丝桃素等。也可选用抗病毒西药、生物制剂（核酸，血凝素、普康素、脱氧诺卡素、干扰素）。合理使用抗菌素及维生素预防继发感染。

二、新城疫

（一）临床症状

鸡冠紫红色，精神高度沉郁。缩脖，乍毛，闭眼，口渴，耷拉翅膀，口腔有多量黏液，嗉囊中水多。粪便呈绿色、黄绿色或黄白色（图2-2-1）。腿、翅麻痹，跛行或不能站立，强行驱赶时用翅扑腾行走。头转向一侧或向后扭转，仰脖，转圈。有振动或应激时扭头加重（图2-2-2、图2-2-3）。

图2-2-1 绿色粪便

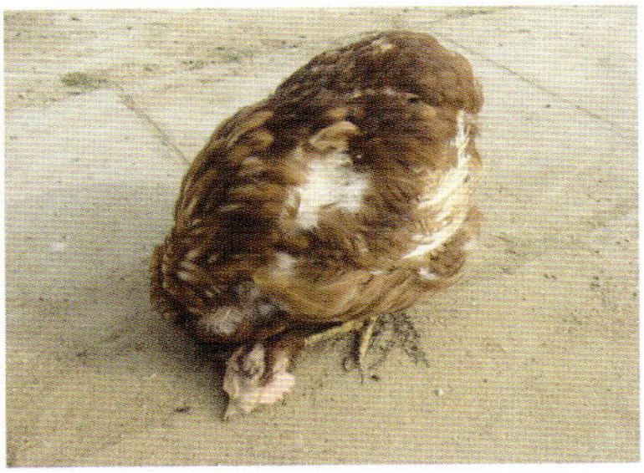

图2-2-2 新城疫扭颈神经症状

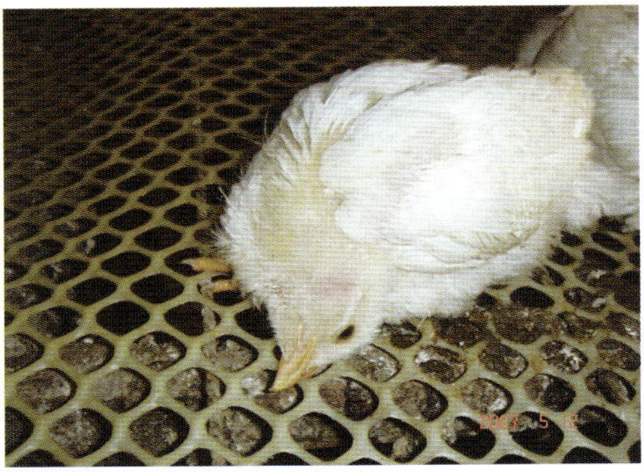

图2-2-3 新城疫扭颈神经症状

（二）剖检病理变化

口腔有多量的黏液，口腔、鼻腔、眼睛出现泡沫状分泌物（图2-2-4）。喉头发红、黏膜出血（图2-2-5）。腺胃乳头肿胀，有暗红色出血（图2-2-6），乳头有一层黄白色分泌物，腺胃与肌胃交界处有出血条纹，肌胃角质膜不易剥离。十二指肠升段后1/3处，产蛋鸡卵泡充血、出血或破裂，回肠前的1/3处有枣核状出血或溃疡（图2-2-7）。直肠、泄殖腔有点状、条纹状、弥漫性出血（图2-2-8）。盲肠纽扣状溃疡（图2-2-9）。蛋皮退色（图2-2-10）。

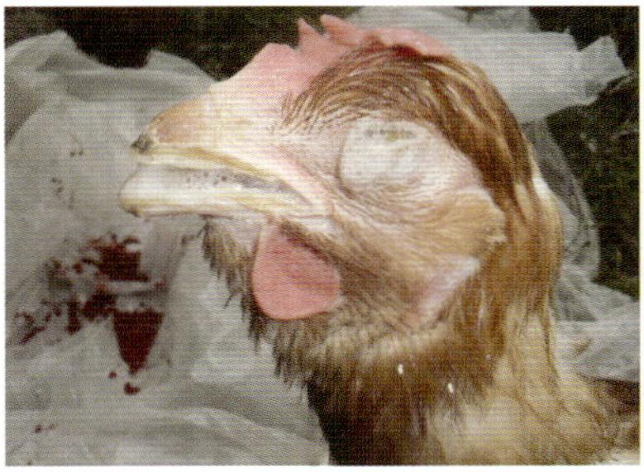

图2-2-4 口腔鼻腔眼睛出现泡沫状分泌物

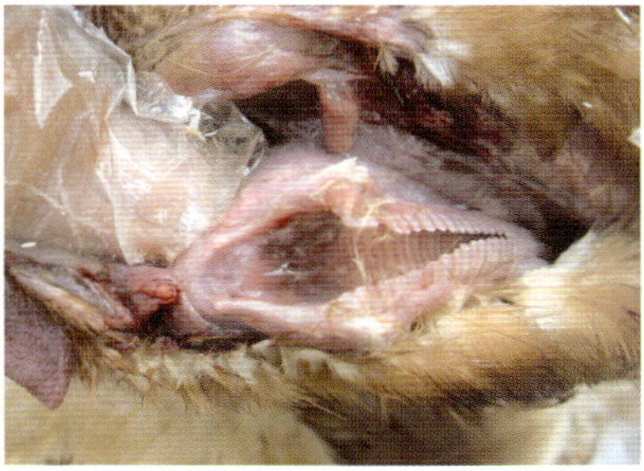

图2-2-5 喉头黏膜出血

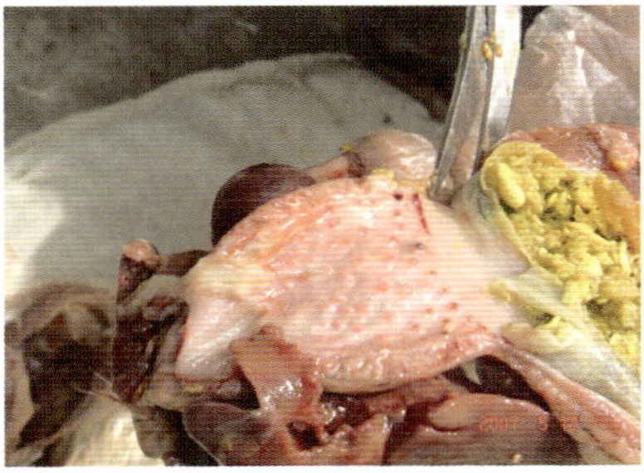

图2-2-6 腺胃乳头出血

图2-2-7 小肠淋巴滤泡枣核状肿胀出血

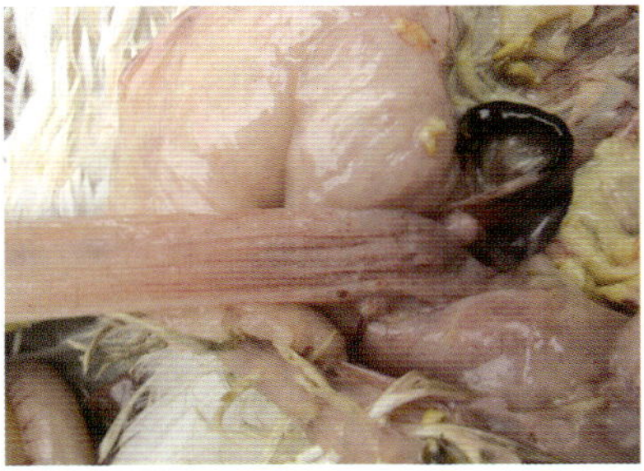

图2-2-8 直肠黏膜点状条纹状出血

图2-2-9 盲肠纽扣状溃疡

图2-2-10　蛋皮退色

（三）防制措施

加强饲养管理，增强鸡的体质。消毒要彻底，切断病原传播途径。

严格按照免疫程序做好预防，当散发新城疫时，可用生物制剂（核酸、血凝素、普康素、脱氧诺卡素、干扰素），疫苗（克隆30、Lasota）饮水或注射。也可用抗病毒中西药，如解热镇痛剂＋抗病毒药＋排痰药等缓解症状，同时用抗菌素控制继发感染。

建立免疫监测制度，根据HI抗体测定结果，调整免疫时间。首免后要定期抽检免疫鸡HI抗体水平，以此来判定用苗后的免疫效果。

当本地区暴发新城疫时可对鸡群进行紧急接种。同时应用纯中药制剂，选择使用抗生素饮水或拌料控制细菌病的继发感染。

三、马立克氏病

（一）临床症状

在临床上分为四种类型：神经型、内脏型、眼型和皮肤型，有时可以混合发生。

1. 神经型　主要侵害外周神经，侵害神经部位不同，症状也不同。侵害坐骨神经最为常见，表现一侧较重，另一侧较轻。病鸡步态不稳，刚发生时不完全麻痹，后期则完全麻痹。不能站立，蹲伏在地上，呈一腿伸向前方、另一腿伸向后方的特征性姿态（图2-3-1）。臂神经受侵害时则被侵侧翅膀下垂。当侵害支配颈部肌肉的神经时，病鸡发生头下垂或头颈歪斜。当迷走神经受侵时则可引起失声、嗉囊扩张以及呼吸困难。腹神经受侵时则常有腹泻症状。病鸡采食困难，饥饿，脱水，消瘦，最后衰竭死亡。

2. 内脏型　多呈急性暴发，常见于幼龄鸡群。初期以大批鸡精神委靡为主要特征。几天后部分病鸡出现共济失调，随后出现单侧或双侧肢体麻痹。部分病鸡死前无特征临床症状，很多病鸡表现脱水、消瘦和昏迷。

3. 眼型　出现于单眼或双眼，视力减退或消失。虹膜失去正常色素，呈同心环状或斑点状以至弥漫的灰白色。瞳孔边缘不整齐，到严重阶段瞳孔缩小至针头大小。

4. 皮肤型　体表颈部和背部羽毛脱落，皮肤增厚，毛囊增大，形成淡白色小结节或瘤状物。此种病变也可见于腿部及生长粗大羽毛的翅膀等部位。

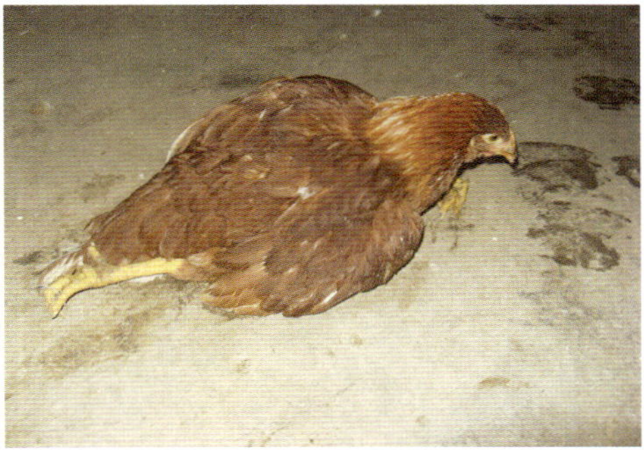

图2-3-1　马立克神经症状

（二）剖检病理变化

神经型　有病变的神经肿大，比正常粗2～3倍，呈灰白色或黄白色。神经纹路消失，粗细不均，病变多是一侧性的，与对侧无病变的神经易作出比较诊断。

内脏型　几乎所有的内脏器官都可发生大小不等的肿瘤块，灰白色，质地坚实。特别是卵巢受侵害严重，整个卵巢胀大数倍，呈菜花样（图2–3–2、图2–3–3）。常见肿瘤组织浸润在脏器实质中，使脏器异常增大，也可见肿瘤组织浸润在肝实质中，使肝脏呈灰白色，质硬（图2–3–4）。

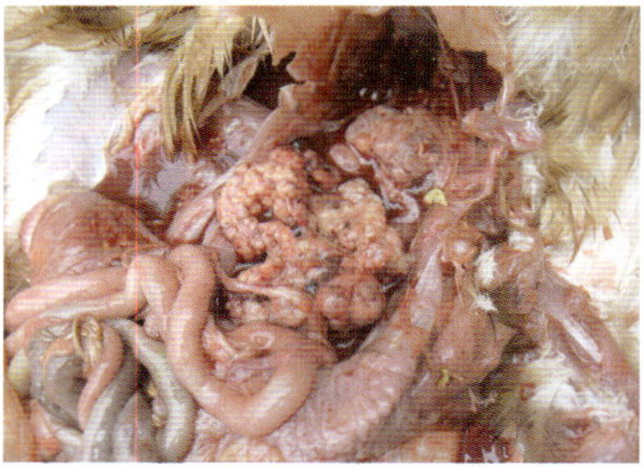

图2–3–2　卵巢肿瘤

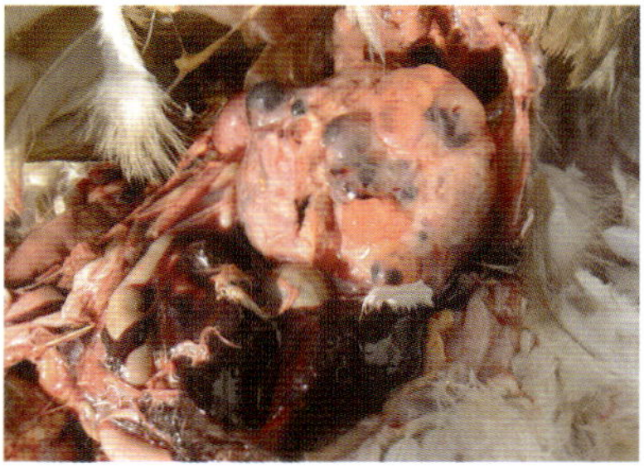

图2–3–3　卵巢肿瘤

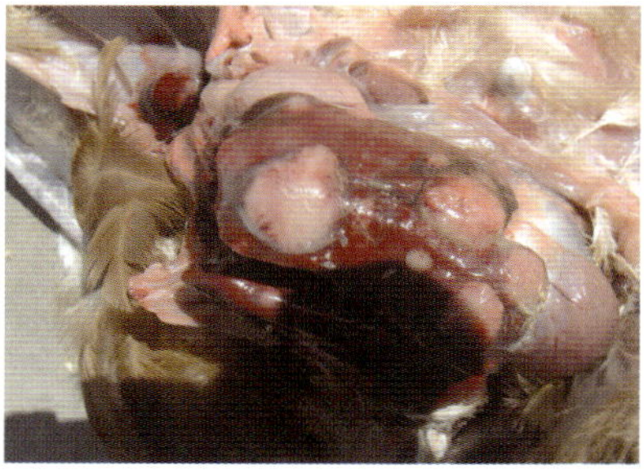

图2–3–4　肝脏肿瘤

（三）预防措施

1. 预防该病首先要做好免疫接种，严格按免疫程序操作。鸡马立克氏病有日龄抵抗力，日龄越小，易感性越高。控制鸡马立克氏病最重要的是控制早期感染。其次要加强孵化室的卫生消毒工作和育雏期的饲养管理。

2. 育雏场要与产蛋鸡场、育成鸡场分开设立，或在鸡场有特定的、隔离较好的育雏区域。一般鸡马立克氏病疫苗产生坚强免疫力需1～2周，在产生免疫力之前要进行严格的隔离饲养，经常消毒，减少毛屑飞扬。防止马立克氏病毒的早期感染。

3. 本病没有治疗价值，尽快淘汰患病鸡。

四、传染性法氏囊病

（一）临床症状

雏鸡为易感鸡群，发病突然，传播快。呈尖峰式死亡。病鸡表现为厌食、缩头，羽毛逆立，部分鸡有自行啄肛现象。病鸡排白色或黄白色水样便，肛门周围羽毛被粪便污染。急性感染出现症状后1～2 d内死亡。

（二）剖检病理变化

病死鸡尸体脱水，胸肌颜色发暗，胸肌与股肌常有出血（图2-4-1）。腺胃、肌胃接合部黏膜以及肠黏膜有出血点或出血斑（图2-4-2）。肾脏暗红肿大，肾小管和输尿管扩张，尿酸盐沉着。脾轻度肿大，表面散在细小的坏死灶。肝脏呈土黄色，边缘常表现坏死变化。胸腺和盲肠扁桃体有时肿大、出血。最显著的病变表现在法氏囊，在感染早期，法氏囊充血、水肿，囊体略显肿大。感染后3～4 d法氏囊的水肿和充血更为明显（图2-4-3），并有出血，其体积和重量为正常的2倍左右。此时法氏囊外形变圆，如樱桃、榛子大小不等，浆膜覆盖有淡黄色胶样渗出物（图2-4-4）。黏膜散布点状或斑状出血，囊腔内有奶油样或果浆样渗出物。

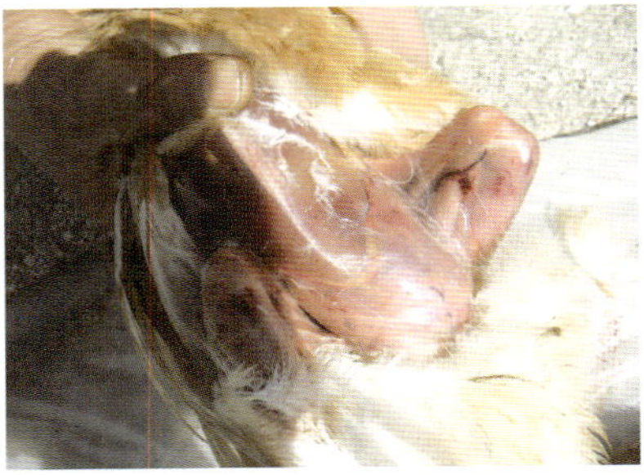

图2-4-1　胸肌与股肌洒水状出血

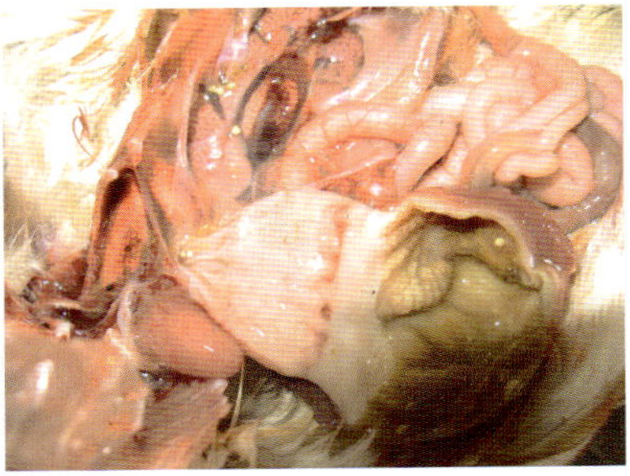

图2-4-2　腺胃与肌胃交界处出血

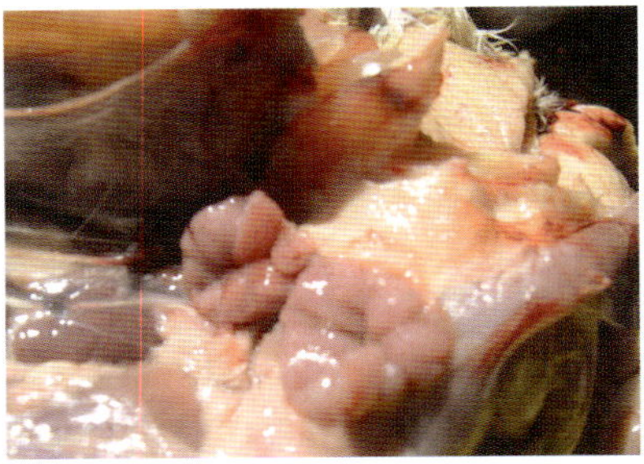

图2-4-3　法氏囊红肿

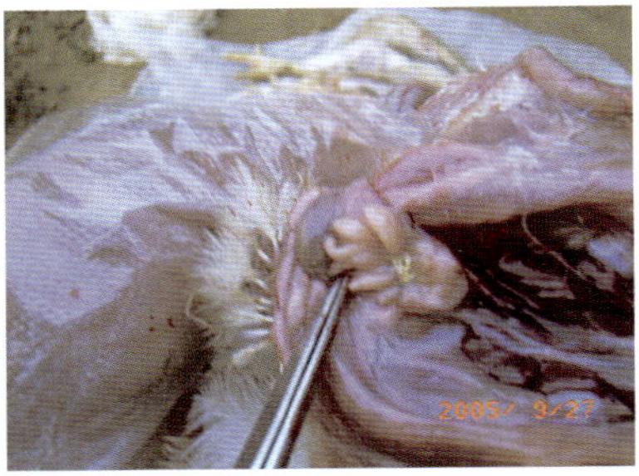

图2-4-4　法氏囊内脓性渗出物

（三）预防措施

1. 加强鸡群的饲养管理，保持进雏时间的间隔，实行全进全出的饲养方式，做好清洁卫生及消毒工作，减少和避免各种应激因素等。

2. 通过有效的免疫接种使鸡群获得特异性抵抗力。这是防制传染性法氏囊炎最重要的措施。一是提高种鸡的抗体水平，种鸡除了在雏鸡阶段进行中等毒力的活疫苗免疫以外，为了提高子代雏鸡的母源抗体水平，还应在18～20周龄和38～40周龄时各进行一次传染性法氏囊炎油乳剂灭能苗的免疫。二是雏鸡的免疫要根据雏鸡的母源抗体水平确定雏鸡的首免时间。雏鸡出壳后每间隔3 d用琼脂扩散法或酶标法测定雏鸡的母源抗体，当鸡群的琼脂扩散法阳性率达到30%～50%时，对雏鸡进行首免，首免后7～10 d进行二免。如果没有检测条件，可采用12～14日龄进行首免，24～28日龄进行二免。所用的疫苗为中等毒力疫苗。

五、传染性支气管炎

（一）临床症状

本病不同日龄的鸡均易感，但40日龄以内的雏鸡最易感，且发病严重，死亡率高。主要表现为以下症状：

雏鸡　全群几乎同时突然发病。最初表现呼吸道症状，流鼻液、流泪、鼻肿胀、打喷嚏、伸颈张口喘气（图2–5–1）。夜间听到明显嘶哑的喘鸣声。随着病情发展，症状加重。缩头闭目、垂翅挤堆、食欲不振、饮欲增加，如治疗不及时，会有个别死亡现象。

图2–5–1　雏鸡张口呼吸

产蛋鸡　表现轻微的呼吸困难、咳嗽、气管罗音，有呼噜声。精神不振、减食、排黄色稀便，症状较轻，有极少数死亡。发病第2天产蛋开始下降，1~2周下降到最低点，有时产蛋率可降到一半，并产软皮蛋和畸形蛋（图2–5–2至图2–5–5）。蛋清变稀，蛋清与蛋黄分离，种蛋的孵化率降低。产蛋量回升情况与鸡的日龄有关，产蛋高峰的成年母鸡，如果饲养管理较好，经2个月基本可恢复到原来水平。但老龄母鸡发生此病，产蛋量大幅度下降，很难恢复到原来的水平，可考虑及早淘汰。

图2-5-2　带蒂畸形蛋

图2-5-3　大小不一的畸形软皮蛋

图2-5-4　畸形蛋

图2-5-5　畸形蛋

肾病变型　多发于20～50日龄的幼鸡。感染后由于肾脏功能的损害，病鸡除有呼吸道症状外，还可引起肾炎和肠炎。表现为两个阶段：第一阶段有几天呼吸道症状，随后又有几天症状消失的“康复”阶段；第二阶段就开始排水样白色或绿色粪便，并含有大量尿酸盐。病鸡失水，表现虚弱嗜睡，鸡冠退色或呈紫蓝色，死亡率可高达20%～30%。

（二）剖检病理变化

主要病变在呼吸道。鼻腔、气管、支气管内，可见有黄色黏液性渗出物，病程稍长的变为干酪样栓塞物（图2–5–6）。气囊可能浑浊或含有干酪性渗出物。产蛋母鸡卵泡充血、出血或变形，输卵管短粗、肥厚或有囊肿，局部充血、萎缩、坏死（图2–5–7至图2–5–9）。雏鸡感染本病则输卵管损害是永久性的，成鸡后一般不能产蛋（图2–5–10）。肾病变型支气管炎除呼吸器官病变外，可见肾肿大（图2–5–11）苍白，肾小管内尿酸盐沉积而扩张，肾呈花斑状，输尿管因尿酸盐沉积而变粗。心、肝表面也有沉积的尿酸盐。

图2–5–6　支气管分叉处干酪物堵塞

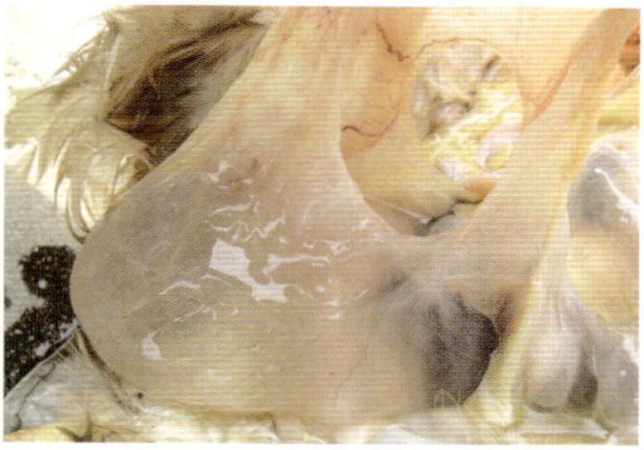

图2–5–7　输卵管内液性囊肿

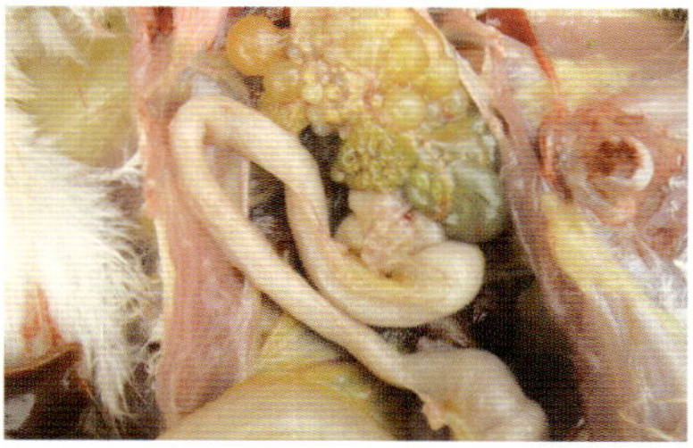

图2–5–8　卵泡变性萎缩坏死、输卵管萎缩

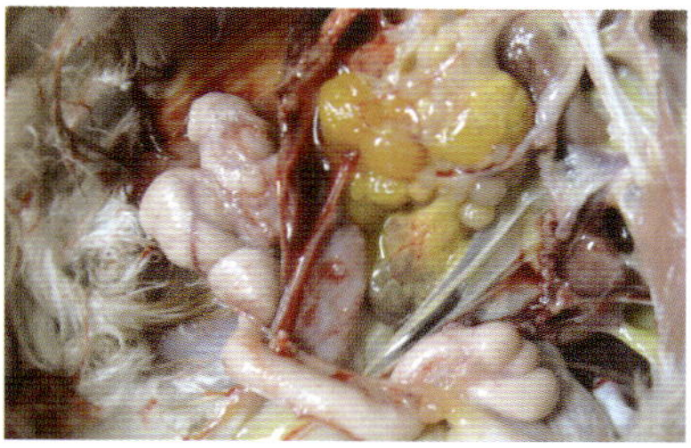

图2–5–9　卵泡变性萎缩坏死、输卵管萎缩

图2-5-10　假母鸡

图2-5-11　鸡肾肿胀

（三）防制措施

对传染性支气管炎目前尚无有效的治疗方法。由于实际生产中鸡群常并发细菌性疾病，使用某些抗菌药物有一定效果。中药常采用平喘止咳的一些药物，如双花、连翘、板蓝根、甘草、杏仁、陈皮等中草药配伍应用有一定缓解症状的效果。

本病预防应考虑减少诱发因素，提高鸡只的免疫能力。进雏前应彻底消毒鸡舍和用具，引进无传染性支气管炎病疫情鸡场的鸡雏，加强饲养管理，合理通风换气、做好保温，防止过于拥挤。雏鸡日粮中适当补充维生素和矿物质，制定合理的免疫程序。进雏1周之内尽量保证鸡舍清净并首次免疫传染性支气管炎疫苗，4周、8周、14周、产蛋前应做好传染性支气管炎疫苗的免疫。

六、传染性喉气管炎

（一）临床症状

本病是由传染性喉气管炎病毒引起的一种急性、接触性呼吸道传染病。其特征是呼吸困难、咳嗽和咳出含有血样的渗出物。剖检时可见喉头、气管黏膜肿胀、出血和糜烂。本病传播快，死亡率较高，严重危害养鸡业的发展。

自然感染的潜伏期6～12 d，患鸡初期有半透明状鼻液，流眼泪，伴有结膜炎。其后表现为特征的呼吸道症状，呼吸时发出湿性罗音，咳嗽，有喘鸣声，病鸡蹲伏，每次吸气时头和颈部向前上方张口，呈尽力吸气的姿势。严重病例，高度呼吸困难（图2–6–1），痉挛性咳嗽，咳出带血的黏液，污染喙角、颜面及头部羽毛。若分泌物不能咳出可导致病鸡窒息死亡。病鸡食欲减少或消失，迅速消瘦，鸡冠发紫，有时还排出绿色稀便。最后多因衰竭死亡。蛋鸡的产蛋量迅速减少或停止。

图2–6–1 病鸡张口呼吸

最急性病例可于24 h左右死亡，多数5 ~ 10 d或更长，耐过鸡多经8 ~ 10 d恢复，有的可成为带毒鸡。有些毒力较弱的毒株引起发病时，流行比较缓和，发病率低，症状较轻，病鸡精神委靡，生长缓慢，产蛋减少，有结膜炎、眶下窦炎、鼻炎及气管炎。病程长的可达1个月。死亡率一般较低，大部分病鸡可以耐过。若有细菌继发感染和应激因素存在时，死亡率则会增加。

（二）剖检病理变化

典型的病变为喉头和气管黏膜充血、出血。严重时喉部黏膜肿胀，有出血斑，并覆盖有黏液性分泌物（图2–6–2），有时这种分泌物呈干酪样环形伪膜（图2–6–3、图2–6–4），可能会将气管堵塞。

炎症也可扩展到支气管、肺和气囊等。产蛋鸡卵巢异常，出现卵泡充血、出血、变性等症状。

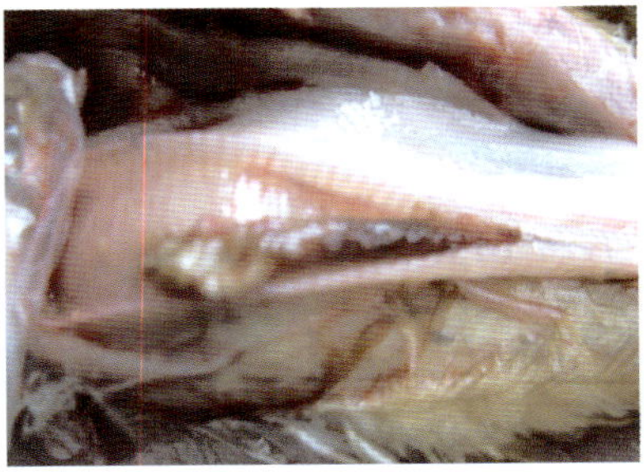

图2－6－2　气管内黏液脓血性分泌物

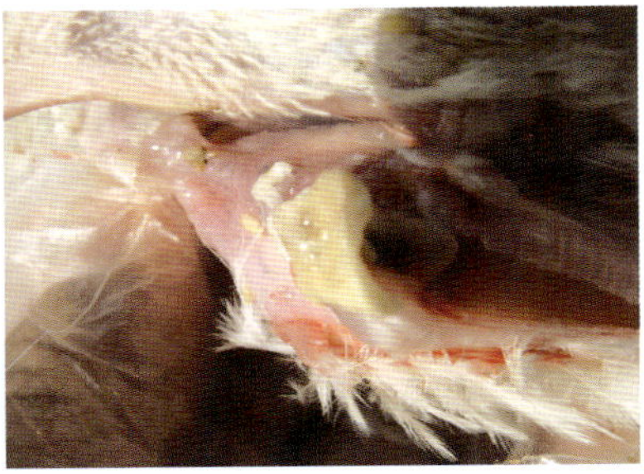

图2－6－3　喉头内干酪物

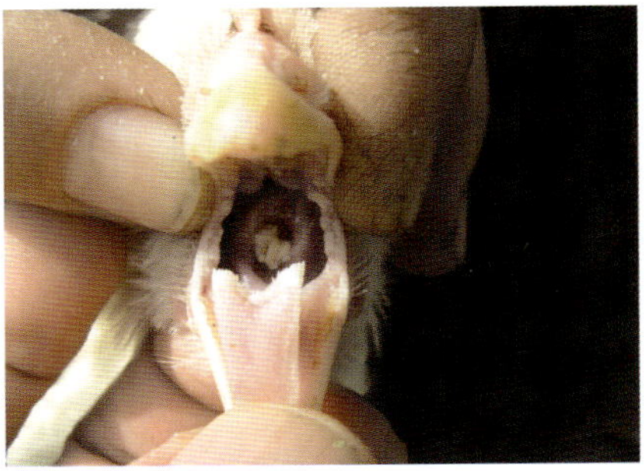

图2－6－4　气管喉头环形伪膜

（三）防制措施

1. 目前尚无有效的治疗方法。发病鸡群投服抗菌药物，对防止继发感染有一定作用。对病鸡采取对症治疗可选用清热解毒、利咽的中成药物,可减少死亡。发病鸡群确诊后应立即采用弱毒疫苗紧急接种，也有控制疫情的效果。

2. 对鸡舍及舍内工器具进行严格消毒。

3. 病愈鸡不能与易感鸡混群饲养，耐过鸡、病愈鸡隔离饲养或淘汰。

4. 本病流行的地区，应考虑接种鸡传染性喉气管炎弱毒疫苗，可用滴鼻、点眼等方法免疫。建议免疫时间，首免35 ~ 40日龄,二免80 ~ 90日龄。

七、传染性脑脊髓炎

（一）临床症状

鸡传染性脑脊髓炎是一种主要侵害幼鸡的传染病，以共济失调和头部震颤为特征。

此病主要发生于3周龄以内的雏鸡，感染的雏鸡潜伏期为1 ~ 7 d，7 ~ 14日龄为最易感期。本病一年四季均可发生，春、秋两季为高发期。病雏最初表现为迟钝，精神沉郁，走路不稳，常以跗关节着地，继而出现共济失调。受到惊扰时，勉强用跗关节走路并拍动翅膀，病鸡全身震颤。病鸡多数在发病3 d后出现麻痹而倒地侧卧，头颈部震颤的症状一般在发病5 d后逐渐出现（图2-7-1、图2-7-2）。随着病程发展，病鸡运动不协调加重，以致完全不能行动，彻底瘫痪。

图2-7-1 雏鸡颤抖偏瘫

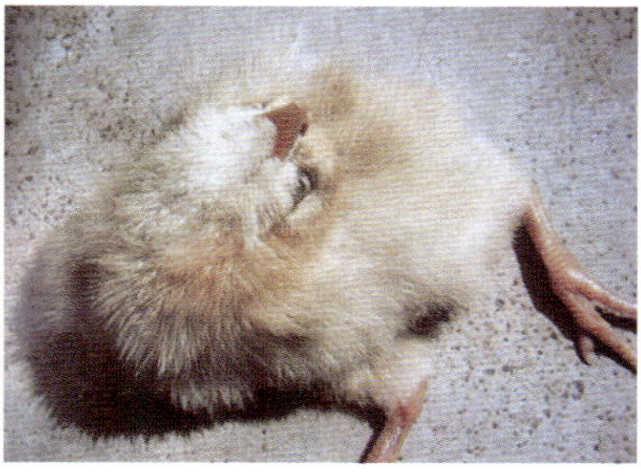

图 2-7-2 患鸡强烈痉挛、头向后仰

（陈建红.禽病诊治彩色图谱）

发病早期小鸡食欲尚好，但因运动障碍，病鸡难以接近饲槽和水槽因饥渴衰竭死亡。在大群饲养条件下，鸡只会互相践踏或继发细菌性感染而死亡。中成鸡感染无明显的临诊症状和肉眼可见的病理变化。产蛋鸡感染后产蛋量急剧下降，蛋重减轻，并产畸形蛋。

（二）剖检病理变化

内脏器官无特征性的肉眼可见病变，少数病鸡脑部轻度充血。偶见病雏肌胃的肌层有散在的灰白区。成年鸡发病无上述病变。

（三）防制措施

1. 对饲养区域的设备和工器具严格消毒，严禁从疫区引进种鸡和种蛋。

2. 种鸡应于产蛋前1个月左右接种鸡传染性脑脊髓炎疫苗。并建议在10~12周龄时进行一次免疫。

3. 鸡感染后1个月内所产的种蛋不宜孵化。

4. 对于本病，目前尚无有效的治疗方法。将轻症鸡隔离饲养，加强管理并投放抗生素预防细菌感染，添加维生素E、谷维素等对于改善神经症状有一定疗效，同时淘汰重症病鸡。

八、鸡白血病

（一）临床症状

鸡白血病是由禽白血病病毒引起的慢性传染性肿瘤病。

患病鸡表现为食欲不振、消瘦、精神委靡、产蛋停止、渐进性消瘦和贫血。鸡冠和肉髯苍白、皱缩，颈部、翅及背侧等处皮肤常有出血点，不容易止血。此后，出血点逐渐扩大，直至死亡。趾部出血不止（图2–8–1），趾部见有血管瘤（图2–8–2），排绿色稀便。有的腹部膨大，指压有波动感，有时可以触摸到肿大的肝脏，最后多因衰竭而死亡。

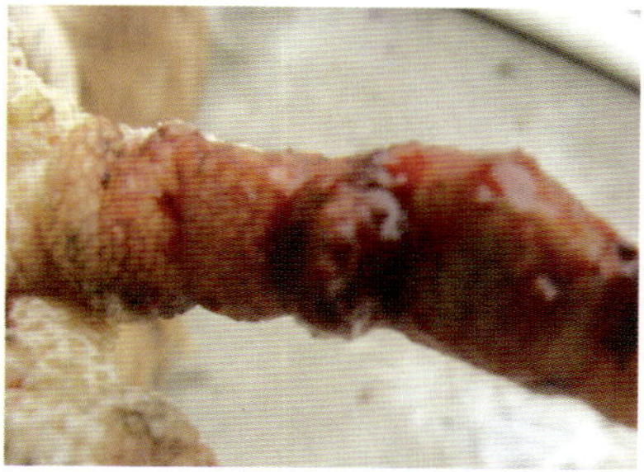

图2-8-1　趾部出血不止

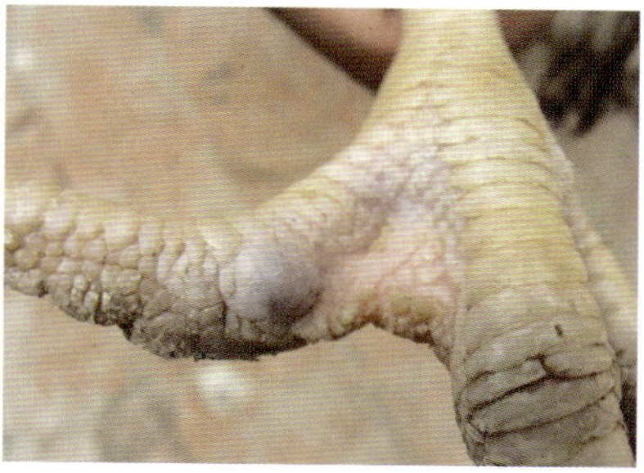

图2-8-2　趾部血管瘤

（二）剖检病理变化

剖检可见肝脏显著肿大（图2-8-3），肝实质变脆并有大理石样花纹，可占据整个腹腔。肿瘤可分为结节型、粟粒型、弥漫型和混合型，结节型肿瘤大小不一，以单个或大量出现。粟粒型肿瘤多均匀分布于肝实质中。弥漫型肿瘤，肝脏均匀肿大，色泽灰白。脾脏肿大质脆，呈灰棕色，亦有许多突出于表面的灰白色肿瘤结节（图2-8-4）。胆囊肿胀，胆汁外溢，周围器官和组织出现黄染区。肠黏膜肿瘤（图2-8-5）。肾脏肿大，色变淡。卵巢部可见大小不一的灰白色肿瘤病变（图2-8-6）。

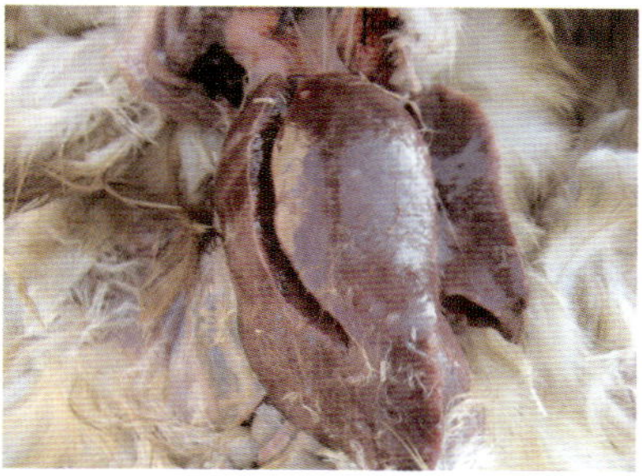

图2-8-3　肝脏增生肿大

图2-8-4　脾脏肿瘤

图2-8-5　肠黏膜肿瘤

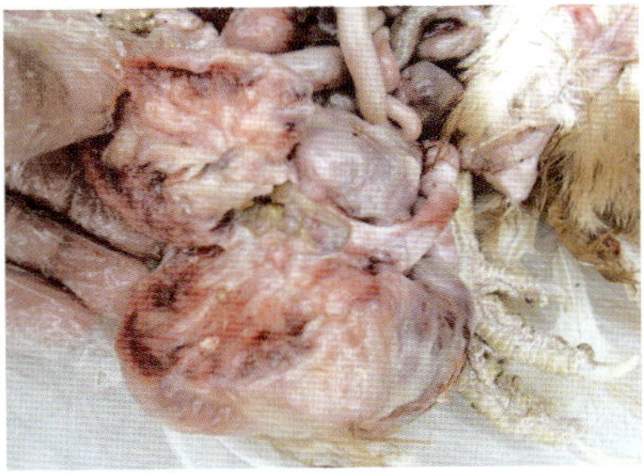

图2-8-6　卵巢肿瘤

（三）防制措施

目前对鸡白血病尚无有效的治疗办法，只有加强预防措施，才能杜绝本病的发生。因为该病为垂直传播，所以种鸡场应着手建立无白血病净化鸡群，种鸡和种蛋要引自无鸡白血病的鸡场。对被病鸡分泌物和排泄物污染的饲料、饮水、饲养用具等应彻底消毒，防止通过直接或间接接触造成水平传播。

九、减蛋综合征

（一）临床症状

鸡减蛋综合征是腺病毒引起的疫病，这种病严重危害种母鸡和商品蛋鸡的生产性能，给养鸡业造成巨大损失。其表现为患病母鸡群发生产蛋率下降，蛋壳异常，产软皮蛋、酥皮蛋（图2–9–1）。病鸡鸡冠萎缩变白，部分病鸡出现厌食、羽毛蓬乱、贫血、排绿色稀便。种蛋孵化率下降，死胎率增高。

图2-9-1 软皮蛋与酥皮蛋

（二）剖检病理变化

病鸡卵巢萎缩、出血，可见输卵管及子宫黏膜增厚，腔内有白色渗出物或干酪样物，输卵管卡他性炎症和黏膜水肿出血（图2-9-2），其他脏器无明显变化。

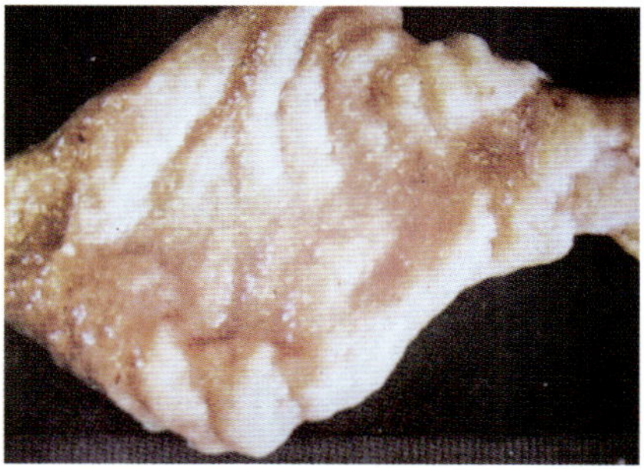

图2-9-2 输卵管出血、卡他性炎症和黏膜水肿出血
（郑明球，蔡宝祥，动物传染病诊治彩色图谱）

（三）防制措施

1. 加强饲养管理，采取严格的消毒措施，防止病毒的传播与感染。

2. 严禁从疫区引进种鸡和种蛋。

3. 鸡、鸭、鹅应分开饲养，防止相互传染。
4. 对未开产蛋鸡（种鸡）可在120日龄使用疫苗免疫接种。

十、鸡痘

（一）临床症状

鸡痘是由鸡痘病毒引起的鸡的一种高度接触性传染病。该病传播较慢，在体表无羽毛部位出现散在的、结节状的增生性皮肤结节病灶（皮肤型）（图2–10–1至图2–10–3），或为上呼吸道、口腔和食管部黏膜的纤维素性坏死性增生病灶（白喉型），两者皆有的称为混合型（图2–10–4）。

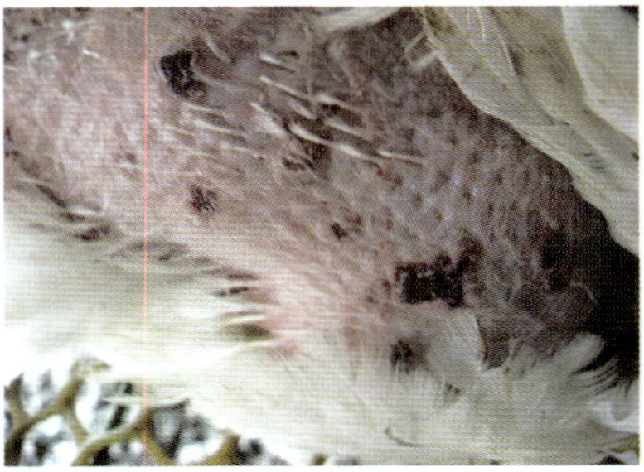

图2—10—1　皮肤痘斑

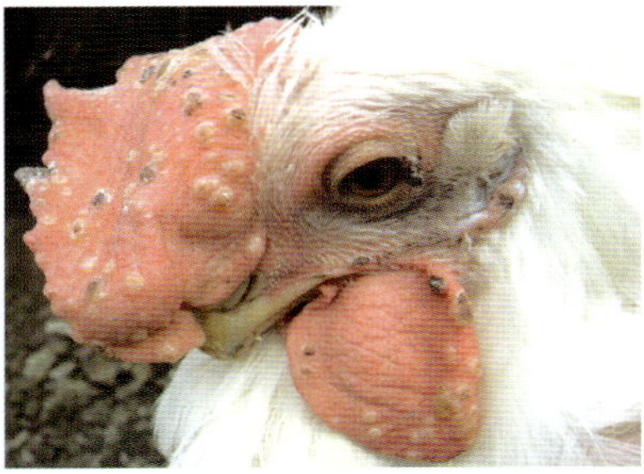

图2—10—2　鸡冠肉髯痘斑

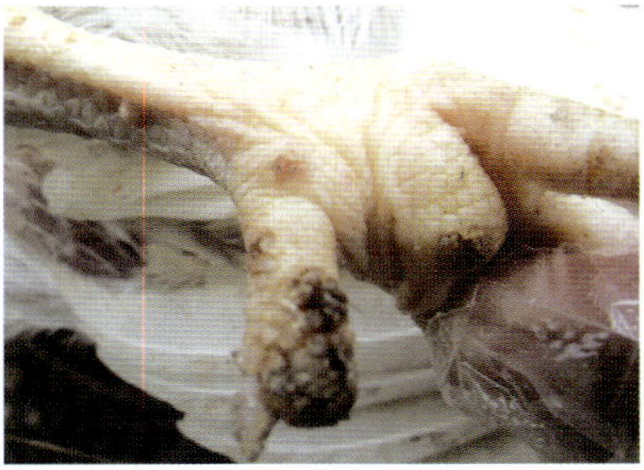

图2—10—3　爪痘斑

图2—10—4　鸡冠鼻腔眼睑痘斑

（二）剖检病理变化

鸡痘的病理症状，局限在病变部位。如皮肤型鸡痘，在病毒侵害的部位，皮肤充血、水肿、变性、坏死并形成痘疹。病死鸡的胸膜、心冠脂肪出现点状出血，肠道充血、出血，甚至发生黏膜坏死，其他脏器一般不发生病理变化。黏膜型鸡痘，在喉头、气管或食道黏膜上形成黄白色小结节（图2–10–5）。严重的病例，喉头及气管上段黏膜形成痘斑（图2–10–6），并可引起肺部出现肺炎病变。

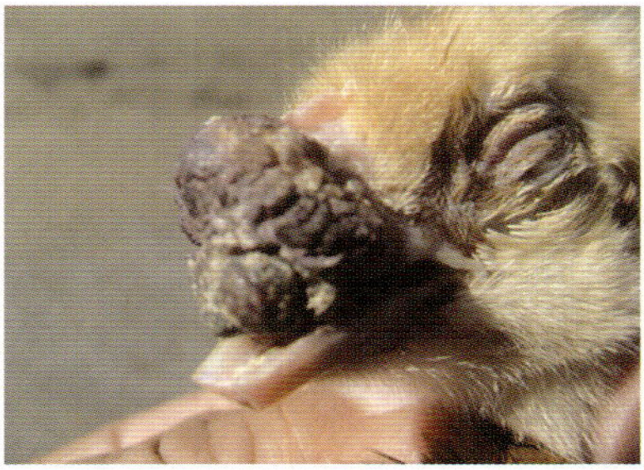

图2–10–5 上颚鼻腔痘斑

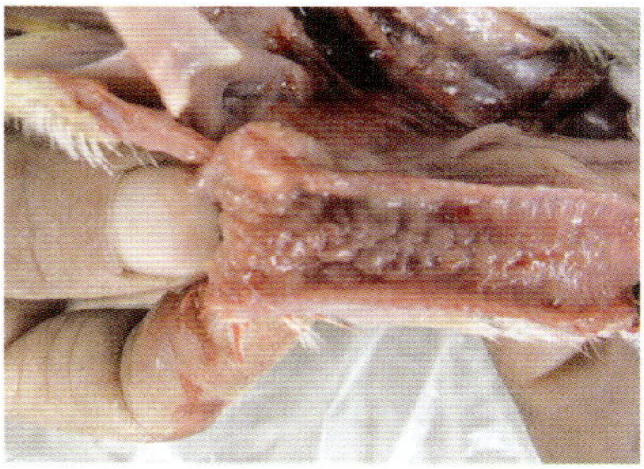

图2–10–6 气管黏膜痘斑

（三）防制措施

1. 鸡痘目前没有有效的治疗方法，只有对鸡群进行免疫接种才能预防本病的发生。10日龄以上的雏鸡都可以刺种。

2. 改善鸡群饲养环境，合理的饲养密度，保持鸡舍空气清新。加强卫生消毒，每批鸡出栏（淘汰）后应将栏舍内全面清扫，再用常规消毒药剂喷洒消毒。遇高温高湿季节，应加强鸡舍内通风和吸湿防潮。必要时补饲维生素、电解质等，以增强鸡群的抗病能力。

3. 消灭和减少蚊蝇等吸血昆虫危害。消除鸡舍周围的杂草。并经常喷洒灭蚊、蝇药剂。对鸡舍门窗、通风排气孔安装纱窗门帘，防止蚊蝇进入，减少吸血昆虫对本病的传播。

4. 治疗鸡痘应以对症治疗并防止继发感染为主。可在鸡群饮水中添加抗生素类药物，对发生鸡痘破溃的部位可用碘甘油或用紫药水涂抹患部。对早期眼型鸡痘可用2%硼酸溶液冲洗消毒。

5. 除平时做好鸡群的卫生防疫外，对引进的鸡只，必须事先做好鸡痘疫苗的免疫接种，鸡只引进后要经过隔离饲养观察，证明无病后方可合群。一旦发生鸡痘，应及时隔离病鸡，对重症者应及时淘汰，对死亡和淘汰的病鸡及时进行深埋或焚烧等无害化处理。对鸡舍、运动场和一切用具进行严格消毒。对症状较轻、经治疗转归的鸡群应在完全康复后2个月方可合群。

十一、鸡传染性贫血

（一）临床症状

鸡传染性贫血是以雏鸡再生障碍性贫血、全身淋巴组织萎缩、皮下和肌肉出血及高死亡率为特征的传染病。主要临床特征是贫血。病鸡鸡冠苍白（图2-11-1），羽毛蓬乱，精神沉郁，消瘦。喙、肉髯和可视黏膜苍白，全身点状出血或头颈部皮下出血、水肿，濒死鸡可见腹泻。

图2-11-1 病雏鸡冠苍白，贫血（王新华，逯艳云.鸡病类症鉴别诊断图谱）

（二）剖检病理变化

主要表现为胸腺（图2–11–2）和法氏囊明显萎缩，骨髓萎缩，变淡呈黄白色（图2–11–3），翅、腿、头、股等处皮肤出血，肝、肾（图2–11–4）、脾肿大、退色，肝表面有灰白色坏死灶。骨骼肌、胸肌出血（图2–11–5），腺胃黏膜出血。血液稀薄，不易凝固。

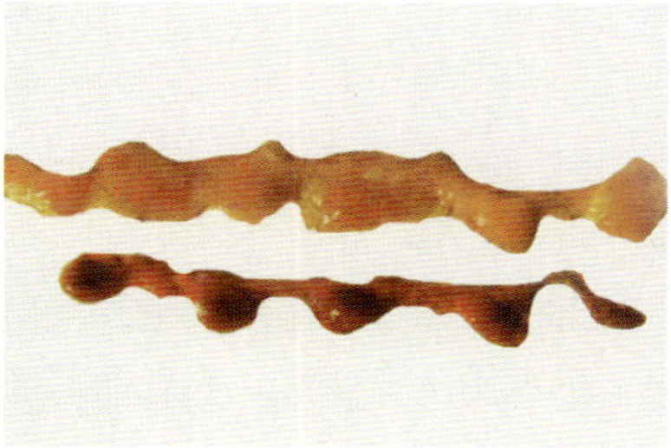

图2–11–2 胸腺显著萎缩出血（上为正常胸腺）（王新华，逯艳云.鸡病类症鉴别诊断图谱）

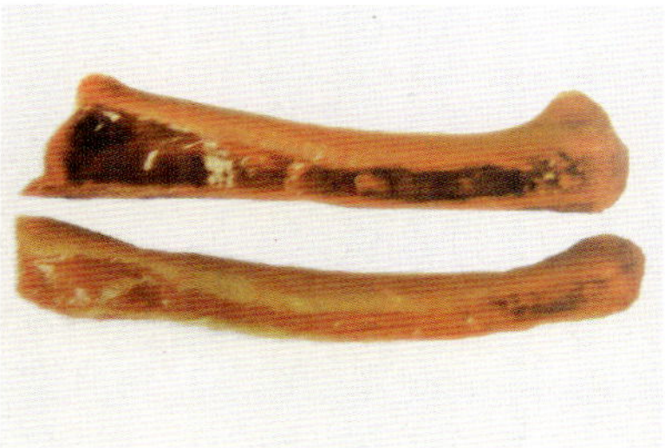

图2–11–3 骨髓萎缩变淡（上为正常骨髓）（王新华，逯艳云.鸡病类症鉴别诊断图谱）

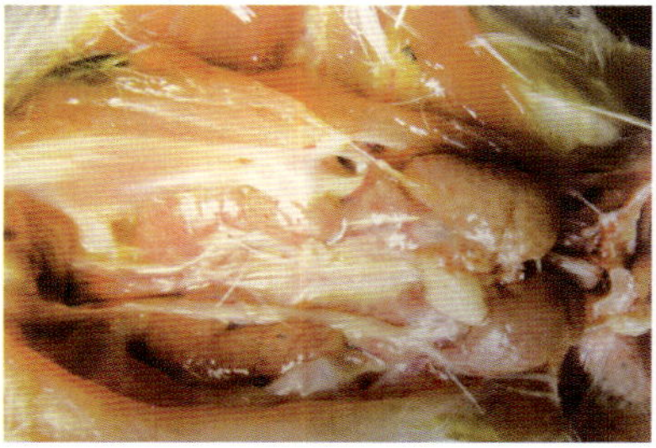

图2–11–4 肾肿大苍白（王新华，逯艳云.鸡病类症鉴别诊断图谱）

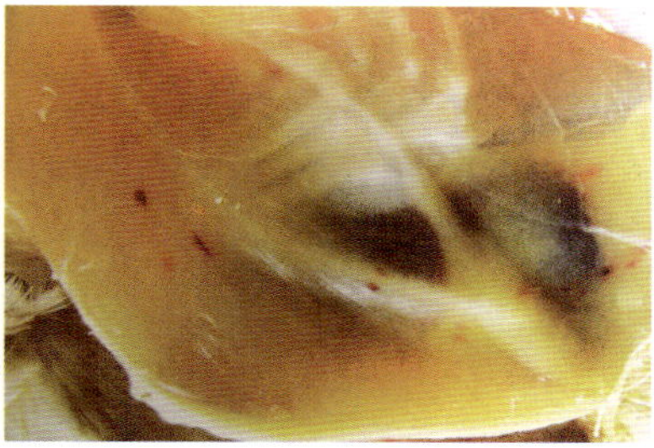

图2–11–5 胸腹壁肌肉出血（王新华，逯艳云.鸡病类症鉴别诊断图谱）

（三）防制措施

1. 应采取综合性防治措施，鸡舍要有良好的通风，定期消毒，加强饲养管理。

2. 种鸡产蛋前应进行抗体监测，淘汰阳性鸡，避免垂直传播感染。

3. 根据情况做好免疫接种工作，可用鸡传染性贫血弱毒冻干苗，对12~16周龄鸡饮水免疫。

4. 可选择使用广谱抗生素控制继发感染。

十二、鸡肿头综合征

（一）临床症状

鸡肿头综合征的主要特征为头、脸部肿胀。病初出现咳嗽或发出喘鸣声，可见眼结膜潮红和泪腺肿胀，患鸡用爪抓面部，表现面部痛痒，接着可见少数鸡眼睑，眼周及头部水肿（图2–12–1）。2 ~ 3 d 后，头、眼睑显著水肿，结膜炎。因泪腺肿胀，内眼角呈卵圆形隆起，眼睛闭合。有的下颌、颈上部和肉髯也出现水肿。少数病鸡出现斜颈、转圈、共济失调和角弓反张。常见有腹泻，粪便呈绿色，恶臭。病鸡因无法采食，或因某些条件性致病菌导致败血症而死亡。蛋鸡产蛋量几天内略有下降。

图2–12–1　头部眼睑肿大

（二）剖检病理变化

剖检病重鸡可见面部皮下、眼眶周围组织呈胶胨样浸润，后期呈黄色疏松硬实的肿块。泪腺、结膜囊和面部皮下组织水肿、化脓和肉芽组织增生等。有的病鸡头部和肉髯、肉冠的皮下组织出现化脓性炎症，蛋鸡出现卵黄性腹膜炎。

（三）防制措施

可选用广谱抗菌药控制大肠杆菌、鸡嗜血杆菌、支原体等病菌的继发感染，减少疾病所造成的损失。也可以用中草药预防和控制疾病流行。改善饲养条件，降低饲养密度，增强鸡舍通风能力，减少空气中有害气体的浓度以及定期带鸡消毒。

第三章　常见细菌、霉菌、支原体病

一、鸡沙门氏菌病（白痢、伤寒、副伤寒）

（一）临床症状

本病是由沙门氏菌引起的一组常见的传染病，包括白痢、伤寒、副伤寒。排泄物是重要的传播媒介，同时也可通过种蛋垂直传播。

雏鸡表现为厌食，怕冷，身体蜷缩，翅膀下垂，精神沉郁或聚堆，排白色黏稠或淡黄色、绿色稀便，肛门有时黏结白色的粪块污物（图3–1–1），呼吸困难。成年鸡无临床症状，少数感染严重的病鸡表现精神委靡，排黄绿色或蛋清样稀便。

图3–1–1　泄殖腔污染粪便

（二）剖检病理变化

鸡白痢　1周龄以内的病雏可见脐环愈合不良，卵黄吸收不全，有的卵黄呈干酪样。1周龄以上的病雏主要表现肝脏肿大，有出血斑点和条纹状出血，有浅色的小坏死点（图3–1–2）。肺脏形成灰黄色结节，心肌有灰白色结节。盲肠充气肿胀（图3–1–3），内有干酪样物质。病鸡还可见肾脏肿大，淤血，输尿管中有尿酸盐沉积。中鸡的病理变化与雏鸡相似，其肝脏肿大明显，呈土黄色，变性、出血，可见腹腔内积聚血凝块。成鸡可见卵巢炎、输卵管炎、卵黄性腹膜炎等。

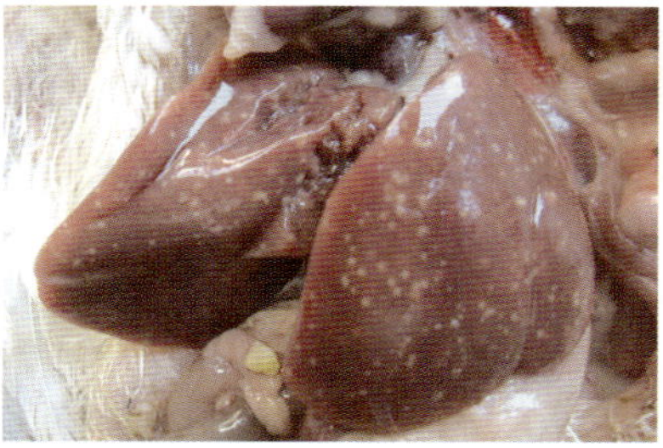

图3–1–2　肝脏白色点状坏死

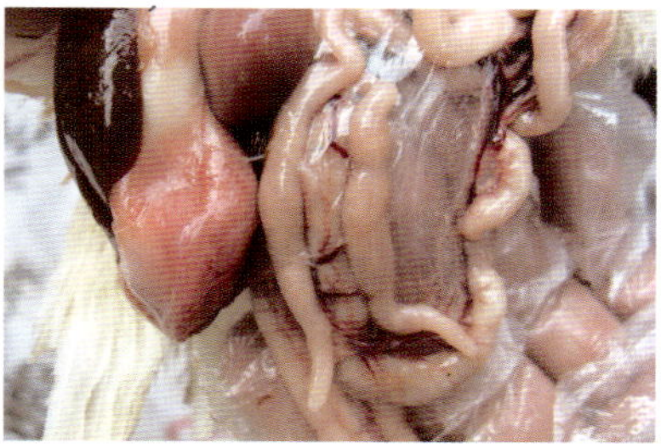

图3–1–3　盲肠充气肿胀

鸡伤寒　最急性病例多无明显病变或很轻微。急性发病雏鸡最常见的是肝脏、脾脏和肾脏红肿。亚急性和慢性病例则肝脏肿大呈铜绿色（图3–1–4），有粟粒大灰白色或浅黄色坏死灶。胆囊肿大，脾出血、肿大并常有灰白色坏死灶（图3–1–5、图3–1–6）。心包积液，有时发生粘连。肺脏和肌胃也有灰白色坏死灶。

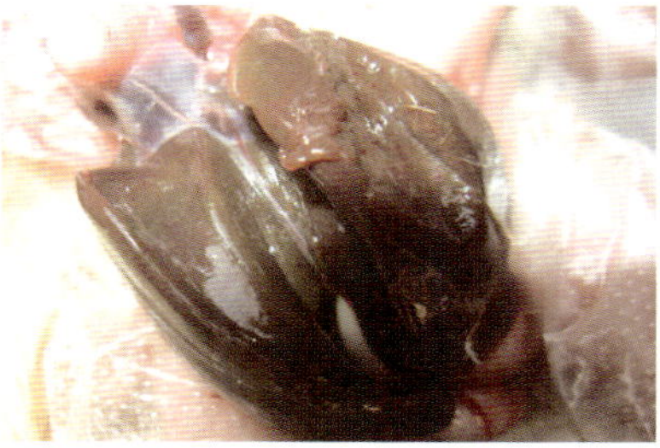

图3–1–4　肝脏铜绿色

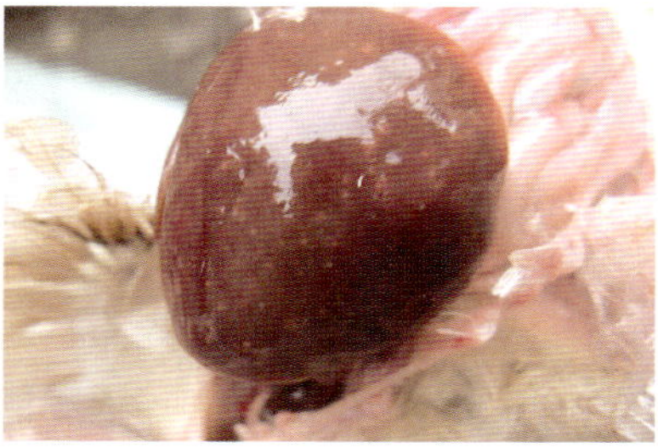

图3–1–5　脾脏灰白色坏死点

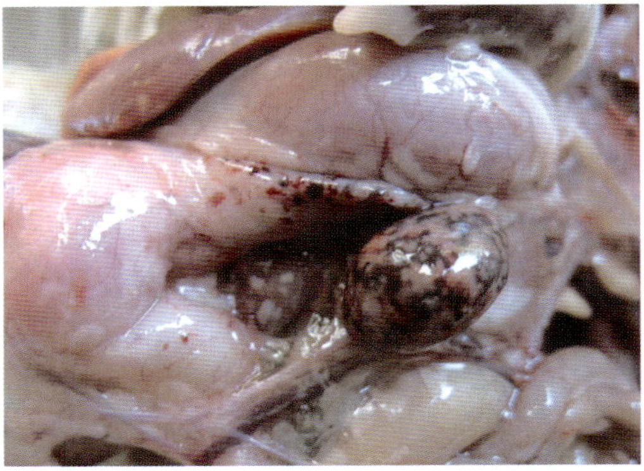

图3-1-6　脾脏出血坏死

鸡副伤寒　肝脏肿大，表面散布有点状或条纹状出血及灰白色坏死灶，胆囊肿大，脾脏肿大淤血，盲肠膨大，内含有黄白色干酪样物质。雏鸡有出血性肠炎。成鸡有卵巢炎、腹膜炎，肝、脾、肾肿胀充血，出血性坏死性肠炎、心包炎，心脏有坏死性小结节。

（三）防制措施

1. 保证鸡群各个生长阶段的清洁卫生，杀虫防鼠，防止粪便污染饲料、饮水、工器具等。

2. 加强饲养管理，育雏室要保持干燥、通风、清洁，避免室温过低，调整饲养密度，尽量减少不良刺激。

3. 种鸡场定期做沙门氏菌检测净化，淘汰阳性病鸡。

4. 选择敏感药物预防和治疗，防止本病扩散。常用药物有氟苯尼考、头孢噻呋钠、丁胺卡那霉素、喹诺酮类、庆大霉素等。

二、慢性呼吸道病

（一）临床症状

鸡慢性呼吸道病是由鸡败血支原体感染引起的一种慢性接触性

传染病。以呼吸困难、眶下窦肿胀为特征。病鸡流泪，流鼻液，呼吸困难，有罗音，眼睑、肉垂水肿，趾跗关节肿胀（图3–2–1至图3–2–3）。

图3–2–1 跗关节肿胀

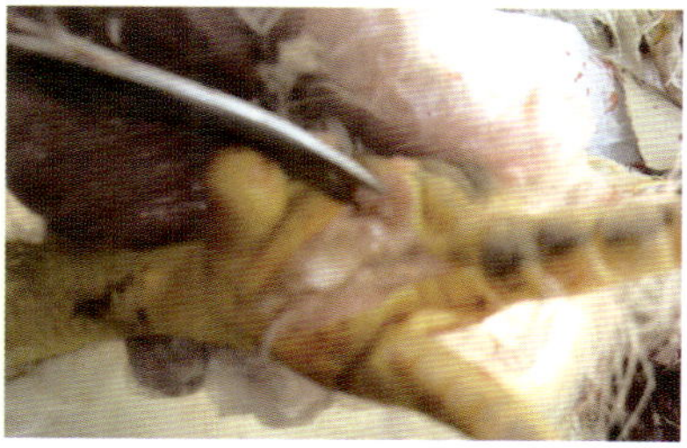

图3–2–2 趾蹼肿胀

图3–2–3 趾关节肿胀

（二）剖检病理变化

鼻腔、喉头、气管内有透明或混浊黏液，黏膜表面有灰白色干酪样物。多数鸡眶下窦肿大，充血、出血，窦内可见黏液或干酪物。气囊壁水肿增厚，表面有黄白色干酪样渗出物（图3–2–4至图3–2–6）。肺充血、水肿，支气管周围形成淋巴组织增生的小结节，并间有肉芽肿样病变。并发感染的病鸡腺胃、肝脏和肠道出血，关节肿大。重者可见心包炎和肝周包膜炎。

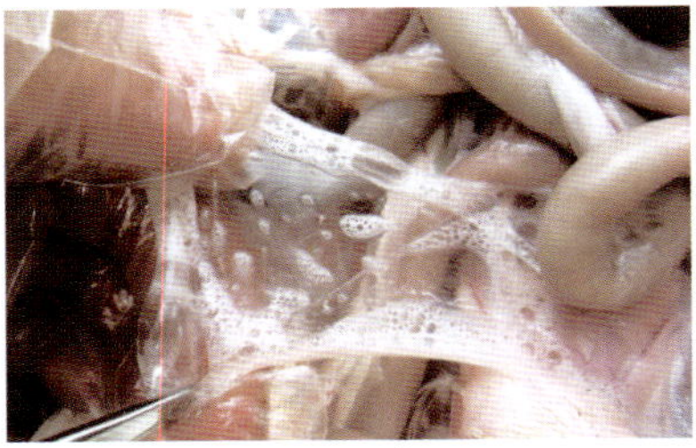
图3-2-4　气囊唾沫样分泌物

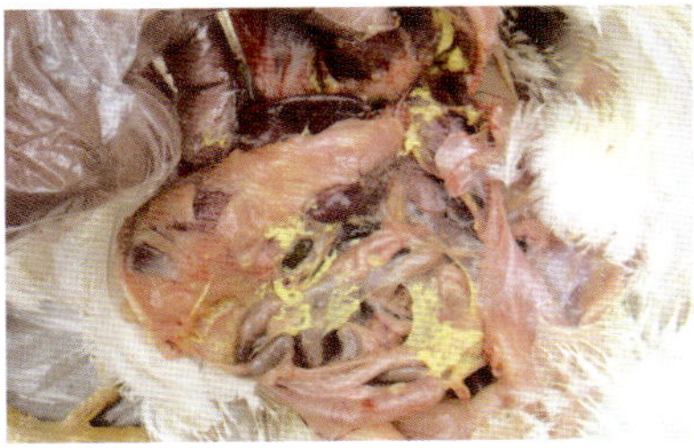
图3-2-5　腹气囊黄色干酪物

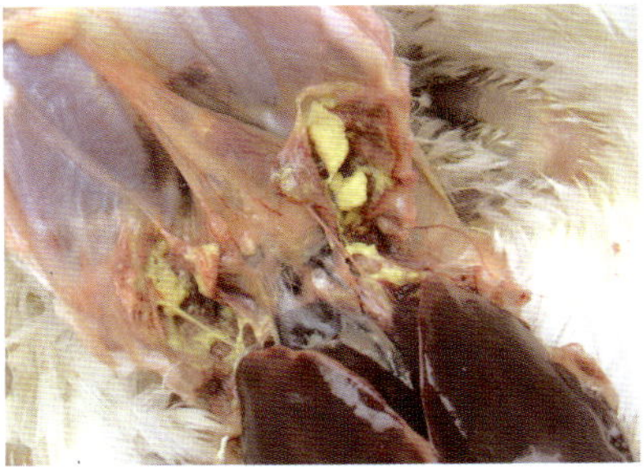
图3-2-6　胸气囊黄色干酪物

（三）防制措施

1. 严格按照免疫程序做好鸡群的免疫接种。

2. 需要时在饲料或饮水中添加多种维生素等，增强鸡只的抗病能力。

3. 加强饲养管理，寒冷季节注意保温，做好鸡舍的通风，调节湿度，降低舍内有害气体的含量，改善鸡群生存环境。

4. 控制饲养密度，降低和消除各种应激。免疫接种前或气温变化剧烈时，可添加一些抗支原体药物，以减少因应激因素导致本病的发生。

5. 鸡群发病后可选择使用抗生素类药物，如支原净、阿奇霉素、强力霉素、卡那霉素、链霉素等进行预防和治疗。

三、大肠杆菌病

（一）临床症状与病变

鸡大肠杆菌病是由大肠杆菌引起的一种常见多发病，包括大肠杆菌性腹膜炎、输卵管炎、脐炎、滑膜炎、气囊炎、肉芽肿、眼炎等多种疾病，对养鸡业危害较大。

1. 初生雏脐炎：病雏精神沉郁，食欲不振，腹部大，脐孔及其周围皮肤发红，水肿。此种病雏多在1周内死亡或淘汰。

2. 气囊炎：气囊增厚，有豆渣样渗出物（图3–3–1），由此继发心包炎和肝周炎（图3–3–2至图3–3–4）。

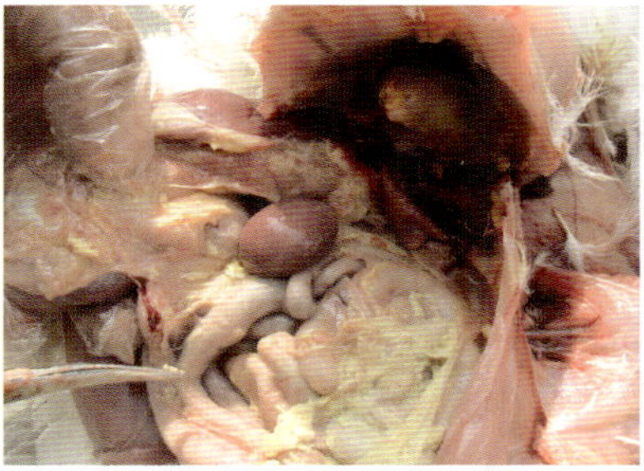
图3–3–1 腹气囊炎

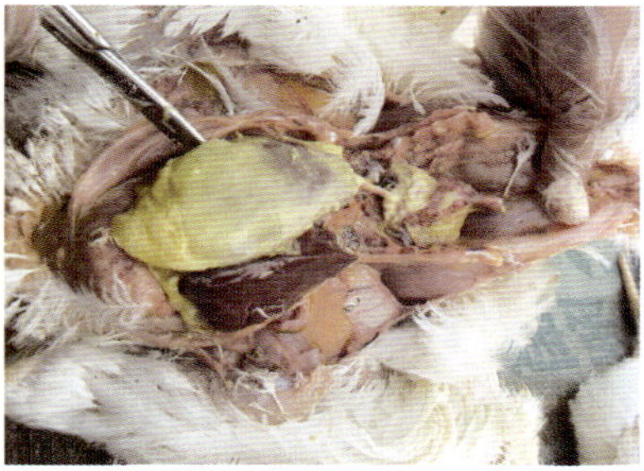
图3–3–2 心包膜炎

图3–3–3 心肝包膜炎

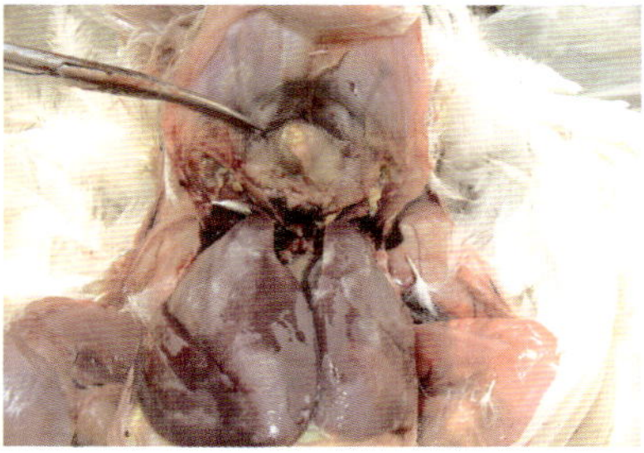
图3–3–4 心肝包膜炎

3. 输卵管炎和腹膜炎：产蛋鸡感染后易发，可见输卵管增厚，有畸形卵阻滞，甚至卵破裂于腹腔内，有多样干酪样物，腹腔液增多、浑浊，腹膜有灰白色渗出物。

4. 关节滑膜炎：多见于关节肿胀，关节液浑浊，如发生腱鞘炎，跛行，关节周围组织充血水肿。

5. 全眼球炎：眼睑肿胀，眼内蓄积脓性分泌物，角膜浑浊，严重时失明。

（二）防制措施

1. 搞好环境卫生，做好消毒工作，特别是对种蛋及孵化设施进行彻底消毒，防止水平感染，加强雏鸡饲养管理，控制舍内温度、湿度和通风等环境条件。减少各种应激，适当提高营养水平，增强机体的抗病力。

2. 选用敏感性抗生素进行预防和治疗。如头孢噻呋钠1日龄雏鸡皮下注射0.1～0.2 mg。每500 千克水混饮安普霉素100 g，一次性饮3～5 d，预防量减半，也可用硫酸黏杆菌素或丁胺卡那霉素治疗。

四、传染性鼻炎

（一）临床症状

本病是由副鸡嗜血杆菌所引起鸡的急性呼吸系统疾病。主要症状为鼻腔与鼻窦发炎，流鼻涕，脸部肿胀（图3–4–1）和打喷嚏。一般常见症状为鼻孔先流出清液以后转为浆液黏性分泌物，眼结膜炎。食欲及饮水减少，或有下痢，体重减轻。病鸡精神沉郁，缩头，呆立。仔鸡生长不良，成年母鸡产卵减少。公鸡肉髯常见肿大（图3–4–2）。如炎症蔓延至下呼吸道，则呼吸困难，病鸡常摇头欲将呼吸道内的黏液排出，并有罗音。咽喉可见积有分泌物的凝块。

图3-4-1 脸部肿胀

图3-4-2 下颌肉髯肿胀

（二）剖检病理变化

主要病变为鼻腔和窦黏膜呈急性卡他性炎，黏膜充血肿胀，表面覆有大量黏液，鼻窦内有豆渣样分泌物（图3-4-3、图3-4-4），后成为干酪样坏死物。常见卡他性结膜炎，结膜充血肿胀。脸部及肉髯皮下水肿。严重时可见气管黏膜炎症。

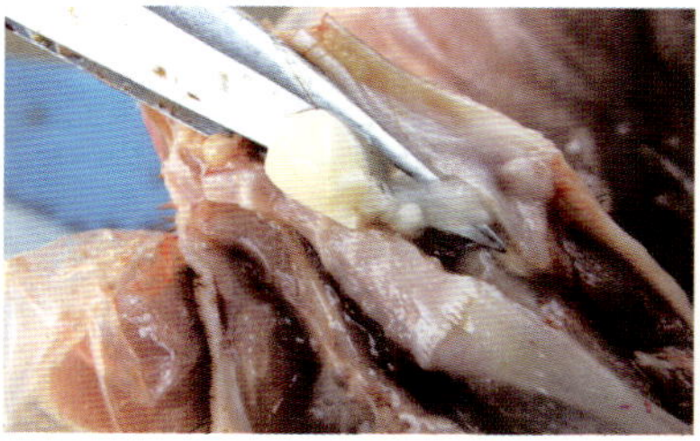

图3-4-3 鼻窦腔内豆渣样分泌物

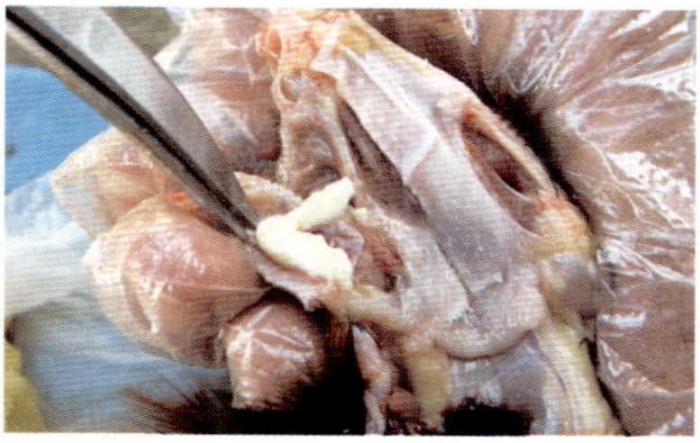

图3-4-4 鼻窦腔内豆渣样分泌物

（三）防制措施

1. 平时应加强饲养管理，改善鸡舍通风条件，做好鸡舍内外的卫生消毒工作，防止病原菌传入。

2. 副鸡嗜血杆菌对磺胺类药物、链霉素等高度敏感，可作为首选药物。治疗本病也可用强力霉素、庆大霉素等药物治疗。

3. 疫苗接种是防制本病的有效措施，可选用A型油乳剂灭活苗和AC两价灭活苗，为确保免疫效果建议使用进口苗。

五、葡萄球菌病

（一）临床症状

鸡葡萄球菌病是由金黄色葡萄球菌引起的一种传染病。常引起幼雏急性败血症、坏疽性皮炎、脐炎和青年鸡、成鸡的慢性型败血症。

1. 急性败血型：该型病鸡生前没有特征性临床表现，一般可见病鸡精神委靡、食欲减退、呆立、缩头闭眼。病后1～2 d死亡。当病鸡在濒死期或死后可见到鸡胸腹部、翅膀内侧皮肤，有的大腿内侧、头部、下颌部和趾部可见皮肤湿润、肿胀，相应部位羽毛潮湿易掉（图3-5-1）。

图3-5-1　葡萄球菌翅膀溃烂（王新华.鸡病类症鉴别诊断图谱）

2. 雏鸡脐炎型：表现为脐孔发炎肿大，腹部膨胀等，与大肠杆菌所致脐炎相似。

3. 关节炎型：多发生于跗关节，关节肿胀（图3-5-2），有热痛感，病鸡站立困难，以胸骨着地，行走不便，跛行，喜卧。有的出现趾底肿胀，溃疡结痂。肉垂肿大出血，冠肿胀有溃疡结痂。

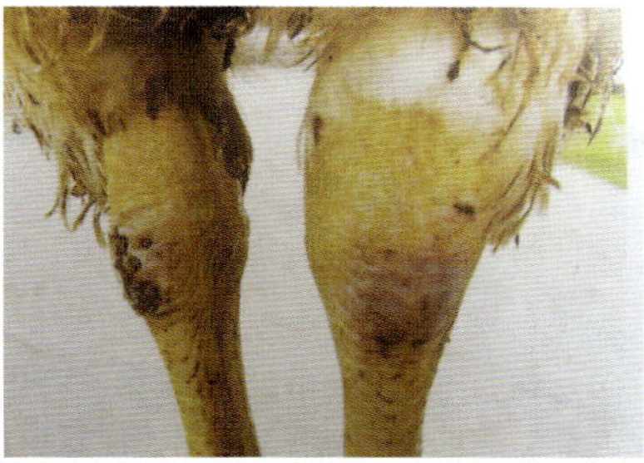

图3-5-2 关节肿胀发红（谷常勤.鸡病类症鉴别诊断图谱）

4. 眼炎型：初期病鸡以眼结膜炎为主，结膜发炎、红肿，有炎性分泌物，后期眼球凹缩、失明。

5. 肺炎型：病鸡表现全身症状和呼吸性障碍。

（二）剖检病理变化

病鸡胸部、前腹部羽毛稀少或脱毛，皮肤呈紫黑色浮肿，有的自然破溃，局部沾污（图3-5-3）。剪开皮肤可见整个胸、腹部皮下充血，呈弥漫性紫红色或黑红色，并积有大量胶冻样水肿液。关节肿大，滑膜增厚，充血或出血。关节囊内有浆液渗出，有脓性或干酪样坏死物（图3-5-4）。关节周围结缔组织增生及畸形。肺炎型剖检可见肺部淤血、水肿。

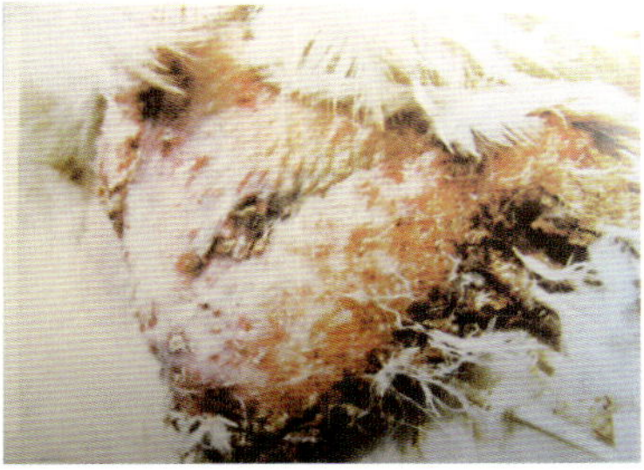

图3-5-3 皮肤溃烂、羽毛脱落
（王新华.鸡病类症鉴别诊断图谱）

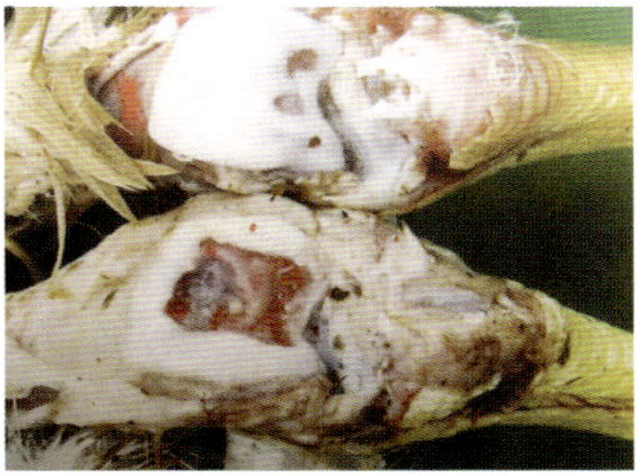

图3-5-4 关节面溃烂
（谷常勤.鸡病类症鉴别诊断图谱）

（三）防制措施

1. 加强饲养管理，搞好环境卫生，调整饲养密度，保持良好的通风，湿度要适中。消除鸡笼、用具上的一切尖锐物，防止和减少外伤发生。做好圈舍、工器具的消毒工作。适时断喙，防止互啄。

2. 适时接种葡萄球菌多价苗，按免疫程序接种鸡痘疫苗，防止发生鸡痘，避免葡萄球菌的感染。

3. 在治疗前应做药物敏感试验，选择有效药物全群给药，可选用庆大霉素、卡那霉素、金霉素等。

六、曲霉菌病（霉菌毒素）

（一）临床症状

鸡曲霉菌病又称鸡霉菌性肺炎，除直接引起发病外，还可对家禽的免疫系统造成损伤，引起免疫抑制，免疫后达不到预期的免疫效果。病鸡精神沉郁、两翅下垂、离群独处，反应迟钝，缩颈呆立或闭目昏睡，食欲减退或废绝，饮欲增加。后期伴有下痢，粪便呈灰褐色或黄绿色。泄殖腔周围羽毛常被粪便污染。特征性症状是呼吸短促、困难、张口喘气（图3-6-1），伸颈仰头，有时发出呼噜声。鼻内流出浆性液体。病程1周左右，病鸡在出现明显症状后2 d内开始死亡。死亡前病鸡痉挛，部分病鸡一侧或两侧眼混浊、灰白，在一侧眼睛的瞬膜下形成黄色的干酪样小球状物，造成眼睑凸出。

图3-6-1　雏鸡张口呼吸

（二）剖检病理变化

肺脏肿大，有大小不等的霉菌结节，呈灰白色、黄白色或淡黄色。散在或均匀地分布在整个肺脏组织，触之较硬有弹性，似橡皮样。切开后呈树干年轮状结构，中心为干酪样物，内含大量菌丝体。气囊或腹腔浆膜上有霉菌斑和结节，后气囊可见炎性渗出物覆盖。肝脏肿胀出血，变成浅黄色（图3-6-2至图3-6-5）。

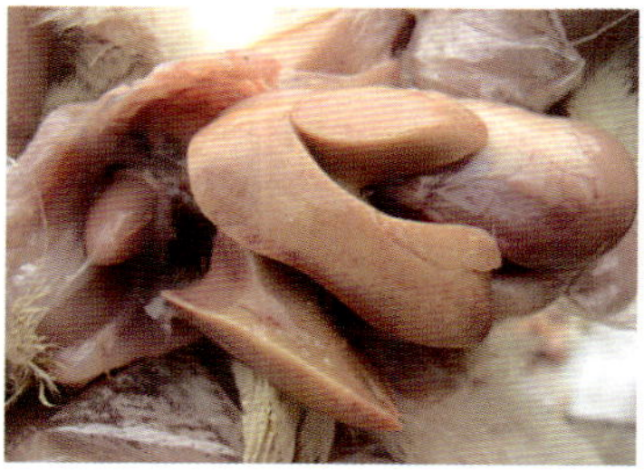

图3-6-2　肝脏肿胀呈浅黄色

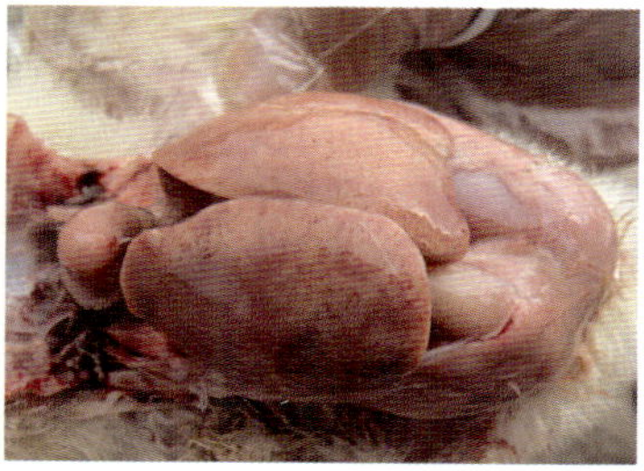

图3-6-3　肝脏肿胀有出血点

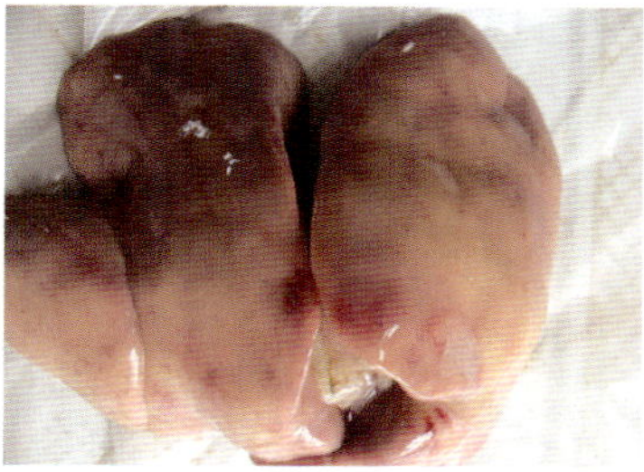

图3-6-4　肝脏肿胀浅黄色并有出血点

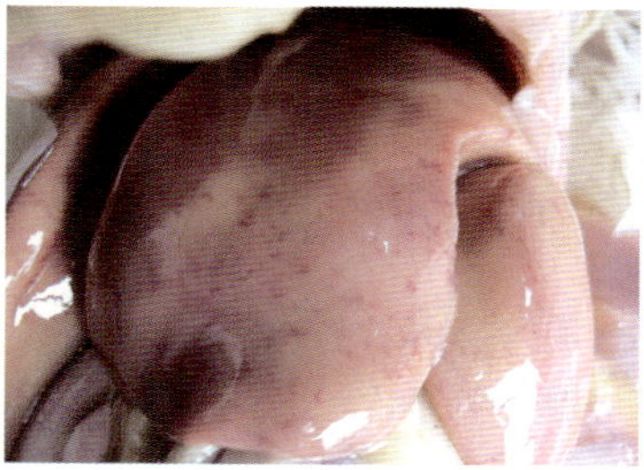

图3-6-5　肝脏肿胀有出血点颜色变淡

（三）防制措施

加强饲养管理工作，妥善保管饲料，不使用发霉变质饲料，及时清理垫料，防止垫料霉变。预防该病，可以使用抑杀霉菌（制霉菌素、硫酸铜）和吸附剂（霉可吸）清除霉菌毒素的药物等。

七、肠毒综合征

（一）临床症状

肠毒综合征是指由球虫、霉菌、细菌以及病毒感染等多种原因引起的肠道发炎，以黏膜出血、坏死、身体中毒和消化功能紊乱、下痢为特征的疾病总称。

发病初期，鸡群无明显症状，个别鸡只出现稀便，便中含有未消化的饲料，有时呈小粒状。随着时间延长，稀便颜色呈粉红色（图3–7–1）或呈浅黄色（图3–7–2）。此症状持续2～3 d后，鸡群采食量明显下降，饮水量增加，导致增重缓慢或发育不良，消瘦、贫血。有的鸡出现白冠、白脸、白爪子的症状（图3–7–3），致使鸡只生长发育不整齐，类似不同日龄的鸡混养在一起。个别鸡精神沉郁、闭眼呆立，偶见死亡。后期出现神经症状，头颈震颤、尖叫、兴奋、瘫痪和昏迷。

图3–7–1　粉红色便

图3–7–2　黄色饲料便

（二）剖检病理变化

病鸡瘦小，脱水，皮肤不容易剥离。腺胃肿胀、乳头突起，能刮出白色浆液。十二指肠段空肠的卵黄蒂之前部分，肠黏膜增厚，颜色变浅，呈灰白色，肠内容物稀少，为未消化的饲料。严重的肠壁变薄，肠黏膜脱落，肠内容物呈黏脓、烂肉样，肠管萎缩粗细不等（图3-7-4）。法氏囊轻微肿大，有炎症。

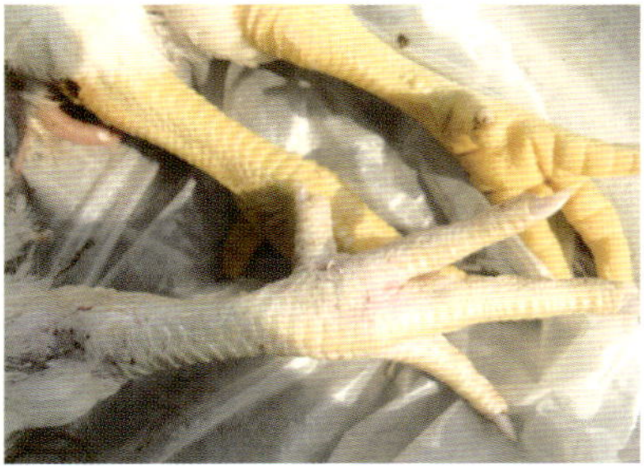

图3-7-3 爪褪色

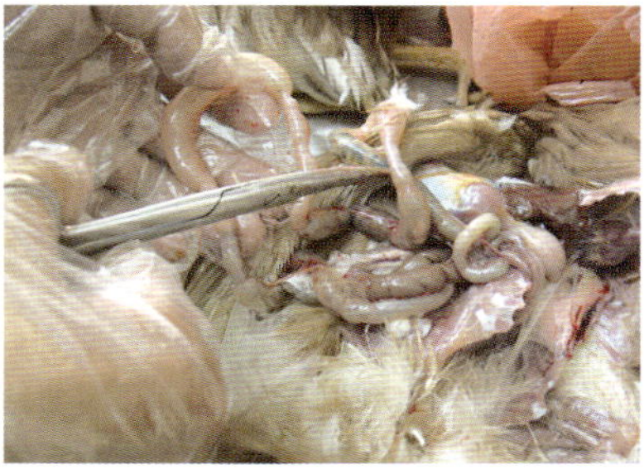

图3-7-4 肠管萎缩粗细不等

（三）防制措施

1. 加强饲养管理和日常的卫生消毒，勤换垫料，调整饲养密度，隔离病鸡，淘汰残鸡，减少各种应激因素。

2. 加强对鸡球虫和大肠杆菌病的预防，根据情况可提前用药，避免发生球虫病及大肠杆菌病。

3. 治疗方法：给予补充多种维生素和亚硒酸钠、维生素E等，增强鸡群抗病能力和抗应激能力，可选用中西药结合进行治疗。

第四章　常见寄生虫病

一、鸡球虫病

（一）临床症状

本病是鸡常见且危害十分严重的寄生虫病，是由一种或多种球虫引起的急性流行性寄生虫病。

1.急性型病程为2～3周，多见于雏鸡，发病初期精神沉郁，羽毛松乱，不爱活动，食欲废绝。鸡冠及可视黏膜苍白，逐渐消瘦。排水样稀便，并带有少量血液。若是盲肠球虫（图4–1–1），则粪便呈棕红色，以后变成血便。

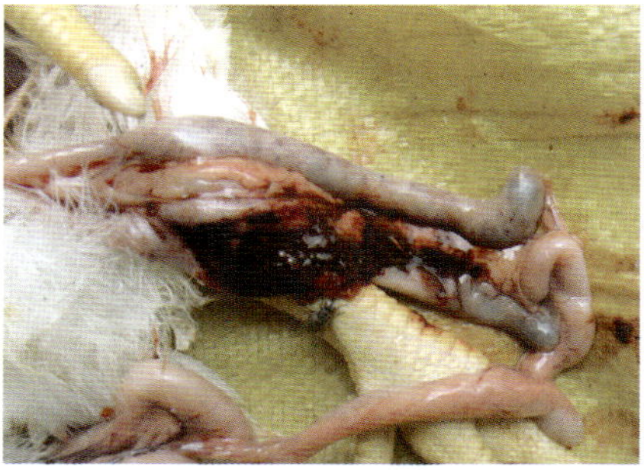

图4–1–1　盲肠球虫

2.慢性型多见于2～4月龄的雏鸡或成鸡，症状类似急性型，但不明显。病程也较长，病鸡逐渐消瘦，产蛋减少，间歇性下痢，但较少死亡。

（二）剖检病理变化

球虫主要侵害盲肠，可见盲肠显著肿大，为正常的3～5倍，肠腔中充满棕红色或暗红色的血凝块，盲肠上皮变厚，有严重的糜烂（图4–1–2）。有的球虫损害小肠前段，肠壁上出现针头大小的出血点，黏膜严重出血，肠管内有混有血块的渗出物。

图4–1–2 小肠球虫

（三）防制措施

加强饲养管理，注意饲养密度，饲料和饮水要清洁，营养要全面。粪便、污物要及时清除，水槽、饮水器要坚持每天消毒一次。注意通风换气，特别是冬季暴发球虫病往往是因为只注重保暖引起的，要利用好鸡舍天窗和通风口，及时排出有害气体，保持舍内干燥，减少球虫病的发生。

治疗方法：使用抗球虫药是目前应用最广泛、也是预防和治疗球虫病最有效的方法。可根据实际情况选用，也可联合用药。如复方磺胺–5–甲氧嘧啶按0.03%拌料，连用5～7 d。或用氨丙啉混饲或饮水给药，治疗用量为250 mg/kg，连用1～2周，然后减半，连用2～4周。也可用磺胺氯丙嗪钠治疗。每100千克饲料加60 g ,连喂5~7 d，可以收到良好的效果。

二、鸡蛔虫病

（一）临床症状

3～4月龄以内的鸡易受感染，病情也较重，症状明显。表现为鸡生长发育不良，精神委靡，行动迟缓，翅膀下垂，羽毛松乱，鸡冠和黏膜苍白。消化机能障碍，食欲减退，顽固性下痢，偶见稀便中混有带血黏液，严重者逐渐衰弱导致死亡。成年鸡多数症状较轻，表现为食欲不振，有时嗉囊积食，严重感染时呈现下痢和产蛋减少。

（二）剖检病理变化

病、死鸡明显消瘦、贫血。病鸡宰杀时血液十分稀薄，十二指肠、空肠、回肠甚至肌胃中均可见到大小不等的蛔虫（图4–2–1、图4–2–2），严重者可把肠道堵塞。肠黏膜充血、肿胀、出血。

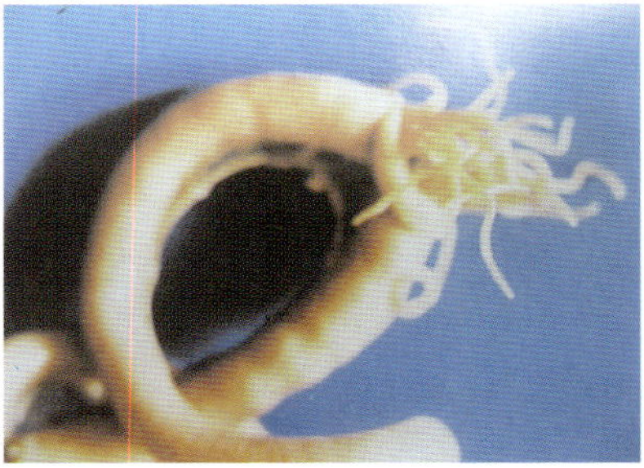

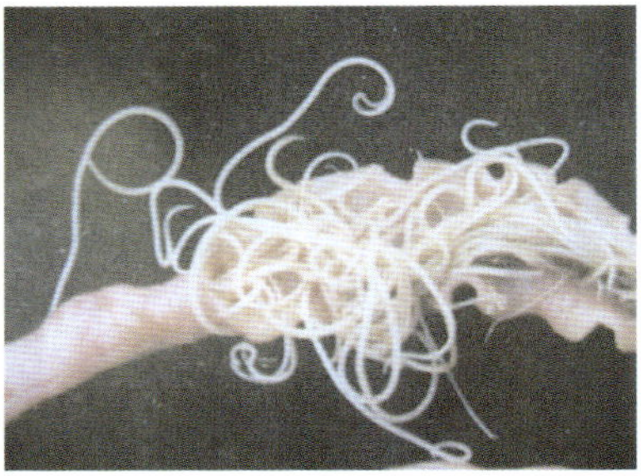

（三）防制措施

1. 搞好粪便清理和环境卫生。鸡舍和运动场上的粪便尽可能逐日清除，集中进行堆积发酵。鸡舍内垫料应勤于更换，降低湿度，保持舍内干燥。水泥地面的运动场经常用水冲洗。水槽、食槽要定期消毒。

2. 每年进行2～3次定期驱虫，雏鸡第一次驱虫在2月龄左右进行，第二次驱虫在秋冬、季进行。成鸡第一次驱虫在10～11月，第二次驱虫在产蛋季节前15～30 d进行。

3. 饲料营养要搭配合理，提高饲料利用率，适量添加多种维生素，可防止或减轻感染，增强鸡的抵抗力。

三、鸡绦虫病

（一）临床症状

绦虫病是由绦虫寄生于鸡肠道而引起的寄生虫病。病鸡感染时，出现消化障碍，往往下痢，食欲降低，饮欲增加，精神沉郁，两翅下垂，乍毛，迅速消瘦、贫血。有时可见黏膜黄染。雏鸡常因瘦弱或继发其他疾病而死亡。有的病鸡临死前出现神经症状。产蛋鸡严重感染时可引起产蛋量减少，甚至停产。

（二）剖检病理变化

剪开肠道，在充足的光线下，可发现白色带状的虫体或散在的节片（图4-3-1）。脾脏肿大，肝脏肿大呈土黄色，易碎，部分病例腹腔充满腹水。小肠黏膜呈点状出血，严重者，虫体阻塞肠道（图4-3-2、图4-3-3）。

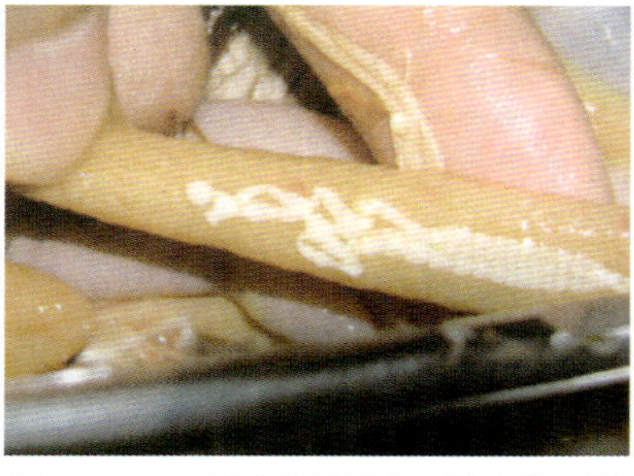

图4-2-1 小肠内充满蛔虫，像电缆一样
（王新华.鸡病类症鉴别诊断图谱）

图4-2-2 小肠内蛔虫
（刘晨，许日龙.实用禽病图谱）

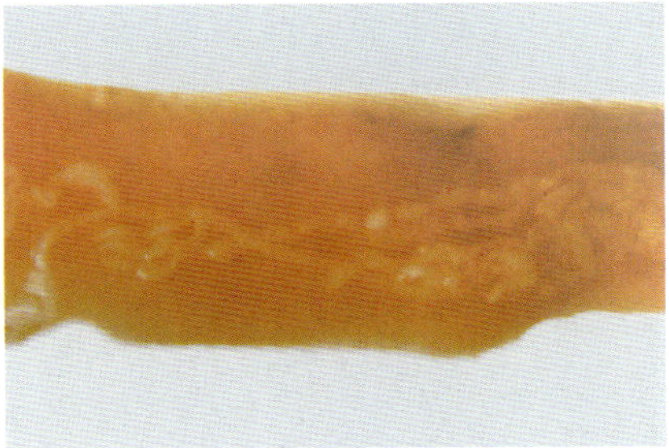

图4－3－3 鸡小肠内赖利绦虫虫体（王新华.鸡病类症鉴别诊断图谱）

（三）防制措施

鸡舍和运动场要保持清洁、干燥，及时清除粪便，堆积发酵处理，并定期灭蝇、灭虫。治疗时使用氯硝柳胺（灭绦灵）等效果较好，同时增加饲料中维生素A和维生素K的含量，保护肠道黏膜，避免混合感染。

四、鸡组织滴虫病

（一）临床症状

组织滴虫病又名盲肠肝炎或黑头病，是鸡的一种原虫病。表现羽毛松乱，下痢，排淡黄色或淡绿色粪便。病鸡精神委靡，食欲不振，缩头，羽毛松乱。鸡冠呈紫蓝色或黑色，所以也称黑头病。

（二）剖检病理变化

盲肠的一侧或两侧发炎、坏死，肠壁增厚或形成溃疡。有时盲肠穿孔，引起全身性腹膜炎，盲肠表面覆盖有黄色或黄灰色渗出物，并有特殊恶臭。肝出现颜色各异、稍有凹陷的溃疡灶，通常呈黄灰色或淡绿色。溃疡灶大小不等，也可能相互融合成大片的溃疡区。

（三）防制措施

平时严格做好鸡群的卫生和管理工作。成年鸡体内能够携带原虫，必须与幼鸡分开饲养。

预防的关键是杀灭虫卵，饲料中可添加一些药物进行预防。鸡群一旦发生该病，应立即将病鸡隔离治疗，可选用甲硝唑等药物拌料进行治疗。重病鸡宰杀淘汰，鸡舍内地面严格消毒。添加维生素K和维生素A可促进病鸡盲肠与肝脏损伤的恢复。

五、鸡螨虫病

（一）临床症状

螨虫寄生在鸡的腿、腹、胸、翅膀内侧、头、颈、背等处，吸食鸡体血液和组织液，并分泌毒素引发鸡皮肤红肿、损伤继发炎症。反复侵袭、骚扰引起鸡只不安，影响采食和休息，导致鸡体消瘦、贫血和生长缓慢。

（二）防制措施

1. 保持圈舍和环境的清洁卫生，及时清理粪便，清除杂草、污物，定期使用杀虫剂进行预防。

2. 新老鸡群避免混养，采用全进全出的饲养方式，防止交叉感染。

3. 感染鸡群的治疗可用阿维菌素、伊维菌素等拌料。也可使用沙浴法、药浴法或个体局部涂抹2%的碳酸软膏。

第五章　常见营养代谢与中毒性疾病

一、维生素D缺乏症

（一）临床症状

雏鸡的最初症状是腿部无力，喙和爪软而弯曲，走路不稳。以后跗关节着地，蹲伏休息，生长迟缓或完全停止。其他症状表现羽毛松乱、无光泽和有时下痢。

产蛋母鸡早期表现为薄壳蛋和软壳蛋增加，以后产量逐渐下降，最后停止产蛋。种蛋孵化率降低。喙、爪、龙骨变软，龙骨弯曲，胸骨和椎骨接合处内陷，所有肋骨沿胸廓呈向内弧形弯曲的特征。后期关节肿大，母鸡呈现身体坐在腿上的特别姿势。

（二）剖检病理变化

雏鸡特征变化是肋骨和脊柱连接处呈链球状（图5–1–1）。成年母鸡的病理变化是骨软而易碎，肋骨内侧面有小球状的突起（图5–1–2），骨骼柔软或肿大，肋骨表现特别明显，在肋骨和肋软骨的连接处显著肿大，并形成圆形的结节(念珠状肿)，胸骨侧弯，胸骨正中内陷，使胸腔变小。脊椎在荐部和尾部向下弯曲，长骨骨质脆易骨折。

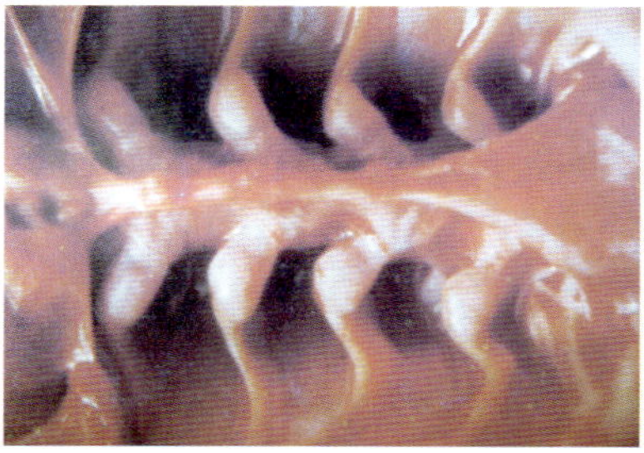

图4-3-1　病鸡肠道内可见绦虫（陈鹏举，张光辉．鸡病诊治原色图谱）

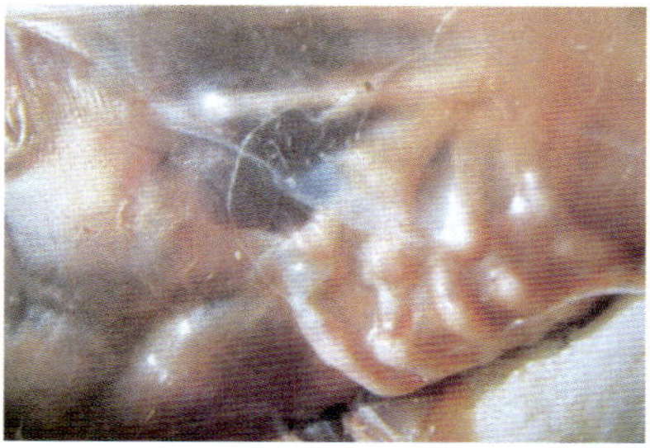

图4-3-2　赖利绦虫虫体头节牢固吸附在肠黏膜中（王新华．鸡病类症鉴别诊断图谱）

（三）防治措施

改善饲养管理条件，补充维生素D。鸡舍要光线充足、通风良好。合理调配日粮，注意日粮中钙、磷比例，饲喂含有充足维生素D的混合饲料。雏鸡和青年鸡每千克饲料中维生素D含量应不少于200 IU。产蛋鸡的饲料中应不少于200 ~ 500 IU。

治疗方法：雏鸡发病时可一次性喂给维生素D_3 1.5万 ~ 2万IU。同时注意过量维生素D_3可引起雏鸡中毒，因此一定要掌握好剂量。

二、维生素A缺乏症

（一）临床症状

维生素A缺乏症是由维生素A缺乏引起的一种营养性疾病，以角膜上皮角化脱落，生长发育受阻、干眼病和夜盲症为特征的疾病。雏鸡缺乏维生素A时表现为生长发育受阻。成年鸡缺乏时表现为精神倦怠，发育不良，羽毛脏乱，冠白，喙、爪角质退色，步态不稳。随着病情的发展，可见眼睑肿胀，角膜浑浊呈云雾状，眼内有乳状或干酪样分泌物，半失明或失明。

（二）剖检病理变化

可见口腔、咽部及食道黏膜上出现许多灰白色小结节，有时融合连片，称为假膜（图5-2-1）。内脏器官出现尿酸盐沉积，其中最为明显的是肾肿大，表面有灰白色网状花纹，输尿管变粗，心、肝等脏器的表面也常有尿酸盐覆盖。

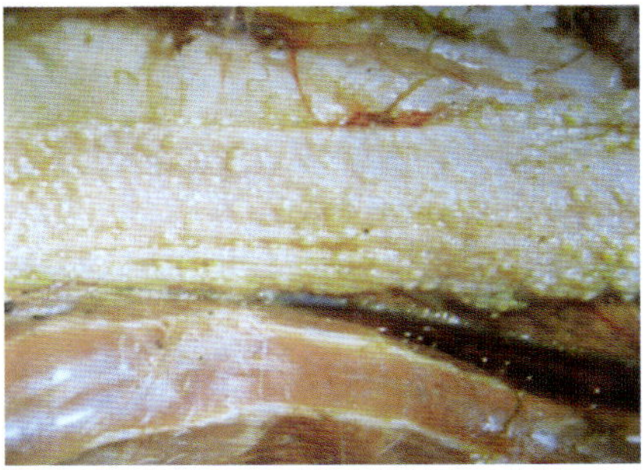

图5-2-1 雏鸡维生素A缺乏食道黏膜出现无数的细小结节突出于表面
（刘晨，许日龙.实用禽病图谱）

（三）防制措施

配制饲料时适量补充维生素A，以满足鸡的需要。由于维生素A是一种脂溶性维生素，而且很不稳定，在空气中容易被氧化，添加时最好现喂现加。防止饲料霉变、发热和氧化等造成维生素A效价降低。

三、维生素E缺乏症

（一）临床症状与剖检病理变化

成年鸡缺乏维生素E时无明显症状，母鸡基本上照常产蛋，公鸡睾丸变小，性欲不强，精液中精子减少甚至无精子，种蛋受精率降低。雏鸡维生素E缺乏时，主要表现为肌肉营养不良，脑软化和渗出性素质。

1. 脑软化症：雏鸡头向下挛缩或向一侧扭转，也有的向后仰，步态不稳，两腿阵发性痉挛、抽搐，不完全麻痹，由于采食受限，病鸡逐渐衰弱死亡。剖检病死鸡，小脑软脑膜水肿，有出血斑点，小脑硬脑膜有许多出血点。脑膜水肿导致脑回和脑沟闭合。

2. 渗出性素质：常因维生素E和硒同时缺乏而引起，发病日龄一般比脑软化症稍晚。其特征是毛细血管通透性改变，血液成分外渗。病鸡腹部皮下水肿，使两腿向外叉开，水肿部位颜色发青，剪开时流出稍黏稠的黄绿色渗出液体。剖开体腔还可见心包积液，心脏扩张等。病鸡腺胃黏膜水肿、肌胃角质有溃疡、十二指肠与空肠黏膜肥厚、胆囊高度肿胀。

3. 白肌病：由维生素E和含硫氨基酸(蛋氨酸、胱氨酸)同时缺乏而引起，多见于1月龄前后，病雏鸡消瘦衰弱，行走无力，陆续发生死亡。剖检可见骨骼肌，尤其是胸肌和腿肌因为营养不良而苍白贫血，并有灰白色条纹，心脏扩张，心肌色淡变白，肝脏呈黄白色病变。

（二）防制措施

保证饲料有足够的维生素E是预防本病的有效措施。发病后可使用亚硒酸钠–维生素E拌料，连用1周。其次，粉碎后的饲料存放时间不要过长，防止堆积生热和受潮霉变，减少维生素E的损失。

四、维生素B_1（硫胺素）缺乏症

（一）临床症状

维生素B_1又称硫胺素，是家禽碳水化合物代谢所必需的物质。雏鸡对硫胺素缺乏十分敏感，缺乏时可出现多发性神经炎症状。病鸡突然发病，呈现“观星”姿势（图5–4–1），头向背后极度弯曲呈角弓反张状，由于腿麻痹不能站立和行走，病鸡以跗关节和尾部着地，坐在地面或倒地侧卧，严重的衰竭死亡。成年鸡缺乏维生素B_1时表现为食欲减退，生长缓慢，产蛋率下降，羽毛松乱无光泽，腿软无力和步态不稳，鸡冠常呈蓝紫色。以后神经症状逐渐明显，腿、翅膀和颈部出现麻痹。有些病鸡出现贫血和腹泻。

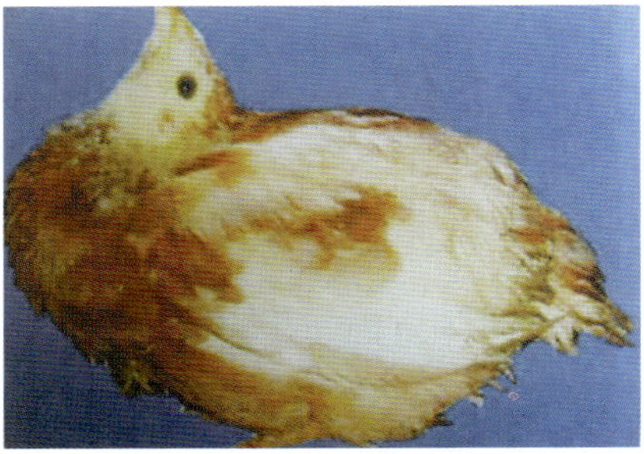

图5-4-1 维生素B_1缺乏引起观星症状（崔恒敏.鸡病类症鉴别诊断图谱）

（二）剖检病理变化

病死鸡极度消瘦，皮下水肿，雏鸡较重。生殖器官萎缩，胃、肠有炎症，十二指肠溃疡并有萎缩现象。

（三）防制措施

1.注意日粮中谷物等富含维生素B_1饲料的搭配，适量添加维生素B_1添加剂。

2.妥善贮存饲料，防止霉变、加热和遇碱性物质而导致维生素B_1遭受破坏。

3.对病鸡可用维生素B_1治疗，每千克饲料10 ~ 20 mg，连用1~2周。重症病鸡可肌肉注射维生素B_1，雏鸡每次1 mg，成年鸡5 mg，每日1~2次，连用数日。同时饲料中适当提高糠麸的比例和维生素B_1添加剂的含量。

五、维生素B_2（核黄素）缺乏症

（一）临床症状

维生素B_2又称为核黄素。雏鸡缺乏时常发生腹泻、厌食、生长缓慢和消瘦衰弱。其特征性的症状是足趾向内蜷曲（图5-5-1、图5-5-2），不能行走，以跗关节着地（图5-5-3、图5-5-4），展开翅膀

维持身体的平衡，两腿瘫痪。腿部肌肉萎缩和松弛，皮肤干而粗糙。

图5-1-1 雏鸡维生素D缺乏肋骨形成链球状佝偻珠（刘晨，许日龙.实用禽病图谱）

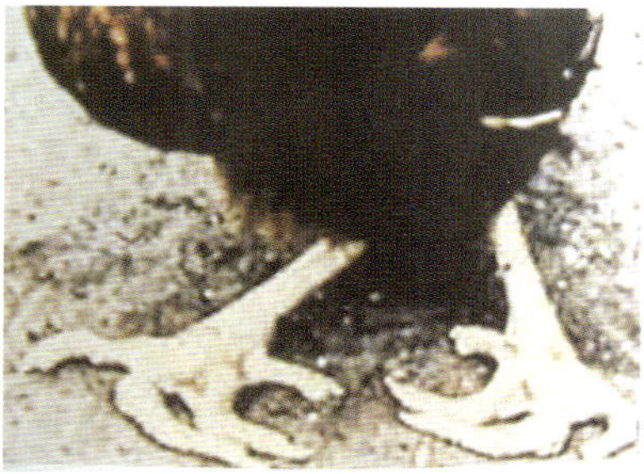

图5-1-2 雏鸡维生素D缺乏肋骨椎端呈珠状膨大（刘晨，许日龙.实用禽病图谱）

图5-5-3 维生素B_2缺乏病鸡跗关节着地

图5-5-4 维生素B_2缺乏病鸡跗关节着地

育成鸡病至后期，可致瘫痪。母鸡的产蛋量下降，蛋白稀薄。母鸡日粮中核黄素含量不足，会导致种蛋孵化率降低，胚胎出现“侏儒”、水肿等异常现象，死胎数增加。

（二）剖检病理变化

鸡胃肠道黏膜萎缩，肠壁薄，肠内充满泡沫状内容物。鸡的坐骨神经和臂神经显著肿大和变软，尤其是坐骨神经的变化更为明显。病死的产蛋鸡见有肝脏肿大和脂肪量增多的异常情况。

（三）防治措施

最好采用配合饲料饲养，不要饲喂单一品种的饲料。饲料中应避免含有太多的碱性物质，防止霉变和暴晒。对已患病的鸡，其饲料可加入核黄素治疗，成年鸡每只10 mg、雏鸡5 mg，或每千克饲料中添加20 mg，连用2周。

六、硒缺乏症

（一）临床症状

硒是家禽必需的微量元素，它是体内某些酶、维生素以及某些组织成分不可缺少的元素，为家禽生长、生育和防止许多疾病所必需。临床特征为渗出性素质、肌营养不良、胰腺变性和脑软化。渗出性素质常发生在2～3周龄的雏鸡。多呈急性经过，重症病雏可于3～4 d内死亡，病程最长的可达1～2周。病雏主要症状是胸、腹部皮下出现淡蓝绿色水肿，有的腿根部和翼根部也有水肿，严重的可扩展至全身。出现脑软化症的病鸡精神高度沉郁，生长发育停止，冠髯苍白，伏卧不动，起立困难，站立时两腿叉开，运动障碍。排稀便或水样便，最终衰竭死亡。肌营养不良的病鸡消瘦、无力、运动障碍。

（二）剖检病理变化

骨骼肌、心肌、肌肉变性、色淡、似煮肉样，横断面有灰白色、淡黄色斑纹（图5-6-1），质地变脆、变软、钙化。心肌扩张变薄，心内、外膜下有黄白色或灰白色与肌纤维方向平行的条纹斑。肝脏肿大，硬而脆，表面粗糙，断面有花纹。胰脏变性、体积缩小有坚实感，色淡，多呈淡红或淡粉红色。可见小脑软化及肿胀，脑膜水肿，小脑有出血斑点（图5-6-2）。

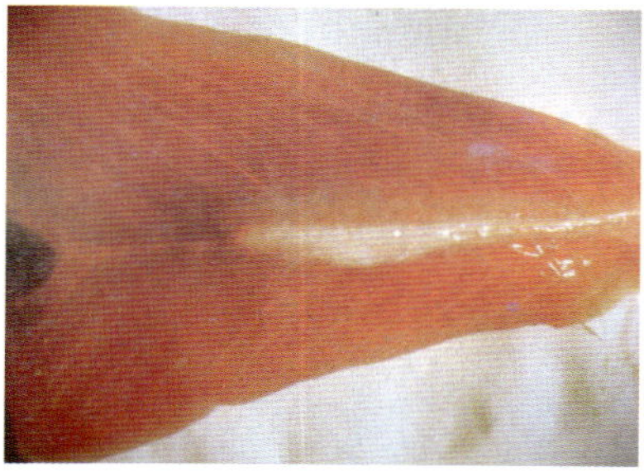
图5-6-1 硒缺乏引起肌肉纤维变性白色条纹（刘晨，许日龙.实用禽病图谱）

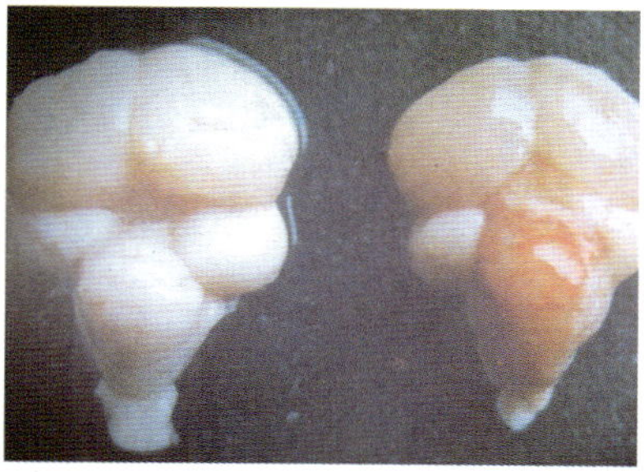
图5-6-2 硒缺乏引起小脑出血（左为正常）（刘晨，许日龙.实用禽病图谱）

（三）防制措施

本病以预防为主，对各种日龄的鸡每千克饲料中添加0.1 mg的亚硒酸钠和20 mg维生素E。注意要把添加量算准，搅拌均匀，防止中毒。对小鸡脑软化的病例必须以维生素E为主进行防治。对渗出性素质、肌营养性不良等缺硒症则要以硒制剂为主进行防治，具有很好的效果。

七、食盐中毒

（一）临床症状

食盐是鸡体内水盐代谢和更新机体组织活力所不可缺少的物质。鸡的日粮中适量加入食盐，有增加饲料口味，增进食欲，增强消化机能和促进代谢的功能。但日粮中食盐添加过多时，就可能引起中毒。

中毒鸡表现为食欲不振，惊慌不安地尖叫，嗉囊胀大，口、鼻中流出黏性分泌物。病鸡强烈口渴，大量饮水，常发生下痢，并出现运动失调，两脚无力，行走困难，时而转圈，时而倒地。后期病鸡衰弱，呼吸困难，抽搐、痉挛，最后呼吸衰竭死亡。

（二）剖检病理变化

嗉囊充满黏性液体，黏膜脱落，腺胃黏膜充血，表面形成假膜。小肠发生急性卡他性肠炎，心包积液，心冠脂肪有点状出血。肺淤血水肿，腹水增多。皮下组织水肿，呈胶冻状（图5-7-1、图5-7-2），腹腔积液（图5-7-3）。血液浓稠，色泽变暗。脑膜血管扩张，并伴有针尖大出血点。

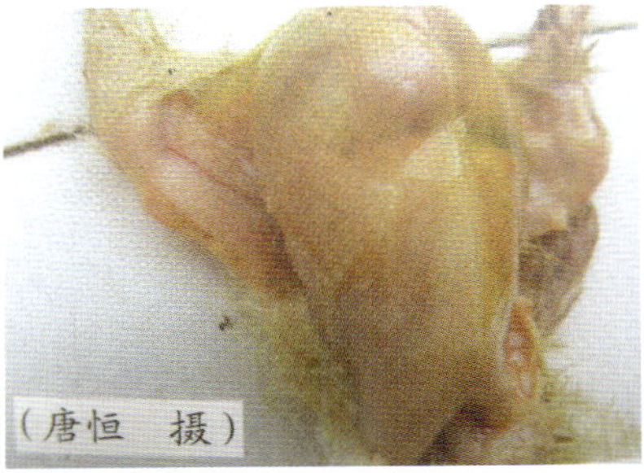

图5-7-1　皮下水肿呈胶冻状
（鸡病诊断与防治）

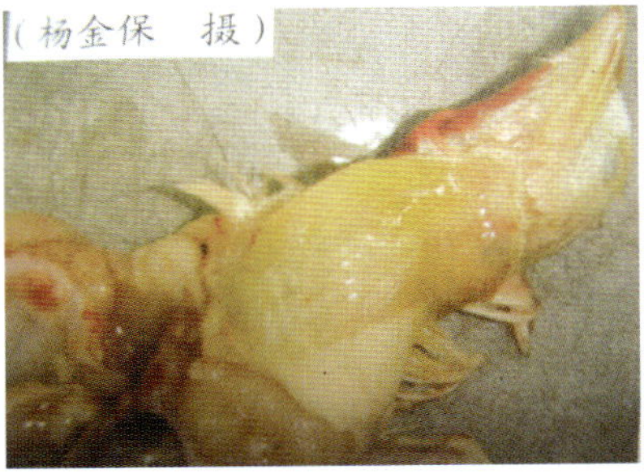

图5-7-2　皮下水肿呈胶冻状
（鸡病诊断与防治）

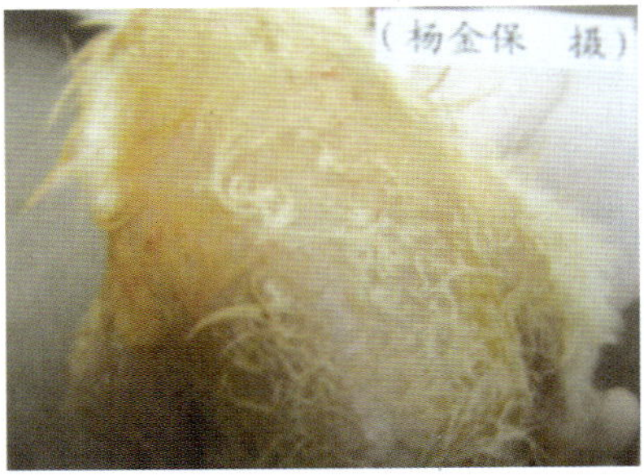

图5-7-3　皮下水肿腹腔积液
（鸡病诊断与防治）

（三）防制措施

发现中毒后立即停喂原有饲料，换喂无盐或低盐分、易消化的饲料至康复。供给病鸡5%的葡萄糖或红糖水，以及大量清洁饮水。或喂服牛乳，以稀释胃肠中盐分的浓度，利于排泄。严格控制饲料中食盐的含量，尤其对幼雏。一方面严格检测饲料原料中鱼粉或其副产品的盐分含量；另一方面配料时加食盐也要求粉细，混合要均匀。平时要保证充足的新鲜洁净饮用水。饲料中总的含盐量以0.25%～0.4%为宜，最多不得超过0.5%。

八、雏鸡水中毒

（一）临床症状

雏鸡由于长时间缺水，而又在短时间内过量饮水，容易导致体内水、电解质代谢和内分泌紊乱，体液失去平衡，造成组织内大量蓄水，引起细胞水肿。从而出现一系列中毒症状，并出现死亡，恢复正常的鸡发育也会受到影响。

病雏主要表现为精神沉郁，缩颈，翅下垂，呼吸困难，食欲减少或废绝，口流黏液，排出水样粪便，嗉囊膨大，严重者突然倒地死亡。

（二）剖检病理变化

剖检可见嗉囊蓄积大量水，消化道轻度出血，肠黏膜容易脱落。

（三）防制措施

育雏室要控制好温度，雏鸡要有充足的饮用水。特殊情况下出现水中毒症状的，对有食欲的病雏喂些易消化的雏鸡饲料，并以3倍浓度滴服复合维生素B 溶液，每只雏1.5～2 mL，滴服1～2 d，一般情况下病雏精神、食欲均可恢复正常。对于发病雏鸡可将其倒提，并按摩鸡雏的嗉囊，使其积水从口腔流出体外，通常采取上述措施1 h后病情即缓和，精神好转，嗉囊缩小，部分病雏开始有食欲。对于病重鸡雏颈部皮下注射0.05～0.1 mL硝酸士的宁，或肌肉注射安钠加0.3～0.5 mL，补充维生素B_1，并适量滴服口服补液盐溶液。

九、初产蛋鸡综合征

初产蛋鸡综合征又称产蛋疲劳症或新开产母鸡病。发病鸡大多是进笼不久的新开产母鸡和高产鸡，夏季易发,以笼养鸡夜间突然死亡或瘫痪为特征。

（一）临床症状

急性发作的病鸡往往会突然死亡，无明显前期症状，病鸡出现瘫痪（图5–9–1、图5–9–2），两腿后伸。鸡群产蛋率在20%～60%时较多发生。发病鸡群饮食正常，生长良好，产蛋较多，蛋壳无异常。产蛋率越高的鸡群死亡率越高，病死鸡泄殖腔突出。

图5–9–1 瘫痪鸡

图5–9–2 瘫痪鸡

慢性病鸡则表现为瘫痪，饮水和吃料均正常，如从笼内取出瘫痪鸡单独饲养，1～3 d后可看到有的病鸡明显好转或康复，一般不会影响后期的产蛋。

（二）剖检病理变化

病死鸡肌肉丰满、肉色苍白。可见泄殖腔外翻，呈紫红色，往往内有已成形的硬壳蛋（图5–9–3、图5–9–4）。内脏可见：肺、肝、脾、输卵管和卵巢严重充血。输卵管水肿，外观呈透明的胶冻状物。

图5–9–3 输卵管内硬壳蛋

图5–9–4 输卵管内硬壳蛋

（三）防制措施

1. 育成青年母鸡在接近性成熟时，应提高饲料营养水平。特别是保证日粮中钙、磷的数量和质量。

2. 创造舒适的生产环境，减轻各种外界应激。

3. 发病的鸡群，每天可以增加1～2 h的光照，饮水中加入电解质以及水溶性的多种维生素，增强抵抗力。

4. 选用抗生素预防肠炎以及输卵管炎的发生。

附录一　农户养鸡应注意的几个事项

一、饲养条件

（一）场地选择

本着因地制宜，降低饲养成本，增加收入的原则，确定合理的饲养规模。鸡场不应选择在人烟稠密的居民住宅区或工厂集中地，也不宜选择在交通来往频繁，或者距离畜禽贸易场所较近的地区，宜选择在较偏远而车辆又能达到的地方。

场地要选地势较高、鸡舍朝向南或东南。如在山坡地或丘陵地区，则宜选择南坡，倾斜度在20°以下。这样的地方便于排水和接纳阳光。

场内基础设施要齐备，符合养殖场卫生管理标准。水源要充足、清洁，水质要符合卫生要求。电源要稳定、安全。

场区内要与外界环境隔离，以防止外部畜禽进入。

（二）防疫必备条件

健全防疫体系，制定严格的防疫制度，将带来良好的效益。坚持严格的卫生消毒和免疫制度，及时合理的用药物预防疾病。处理好病死鸡、污染物、粪便等。坚持全进全出的饲养方式。鸡场要备好各种消毒设备和消毒药品，如各式喷雾器、火焰消毒器等。

（三）方便运输

交通要便利，能保证将生产的商品安全及时的运输出去。通常鸡场距离交通干道1 000 m以上，一般公路也应在500 m以上。

（四）鸡场环保要求

除以上提到的选址要求以外，还应该注意做好鸡场废弃物环保处理，如污水的排放、回收设施，粪便的处理设施等，大力提倡生态养殖。养鸡“环保”是涉及能否正常生产的关键问题。

二、防疫要求

（一）消毒

在饲养过程中鸡本身就是病原微生物的携带、排出和传播者。各种因素会诱发不同疾病，如饲料、用具、空气、饲养人员等都是传播疾病的媒介，因此日常消毒工作很重要。

1. 鸡场及鸡舍入口应设消毒池，并经常保持消毒液的有效浓度。车辆进入鸡场要经过消毒池，车身要用喷雾器消毒，生产人员要相对稳定。工作人员每天进入鸡舍要先换工作服（包括鞋、帽、靴等），工作服及鞋、帽等要定期消毒。不准非工作人员和参观者随意进入鸡舍。有条件的还要在鸡场的大门、人行通道安装紫外线灯照射消毒。

2. 鸡舍在进鸡之前，首先要进行一次彻底清洗，然后进行消毒。常采用熏蒸消毒法、喷洒消毒法、火焰消毒法。

3. 设备消毒。日常的笼具、食槽、水槽、工具等做到每天消毒。

4. 带鸡消毒应该选择刺激性小、高效低毒、杀菌力强的消毒剂。6周龄内的鸡每天一次，6周龄以后每两天一次，消毒液要现用现配，不宜久置，以防影响消毒效果。

（二）免疫

强化“以防为主，防重于治”的意识。严格执行鸡场制定的免疫制度。鸡场的免疫程序的制定要参照免疫抗体的监测结果以及本地区的疫病流行情况来制定。本书附录二提供了种鸡、蛋鸡和肉鸡的免疫程序，谨供参考。

（三）疫情防控

平时要做好鸡场的疫病防治工作，一旦饲养区域及周边地区发生重大疫情，要严格按照国家控制重大疫情的有关法律法规执行，配合有关部门做好防控工作。

三、药物防治疾病要点

养殖实践中发现个别养鸡户选择用药不尽合理，具体表现为：

（一）盲目加大剂量

有些人认为剂量越大效果越好，殊不知这样用药不仅增加了用药成本，而且还存在药物中毒的危险，同时易造成某些病原菌耐药性的加强。

（二）重复用药

养鸡户往往上次用某一种药或几种药治好了鸡病，于是多次重复使用原药物，这样易造成鸡只的耐药性。另外，养鸡户还经常将同一类别的两种药物或主要作用相同的几种药物混用，这样做不但造成养殖成本增加，而且药物中毒的风险也在增强。

（三）不按疗程用药

使用任何药物，都有一定的疗程，如果疗程过短，有些病原微生物只是被暂时抑制，不能彻底杀灭。一旦停止用药，受抑制的病原微生物会继续生长和繁殖，可能导致病鸡出现更为严重的症状，使细菌的抗药性增强。

（四）滥用疫苗

一些养鸡户对疫苗的使用不科学，包括免疫程序制定的不合理，免疫操作方法不正确，乱用抗病毒药物等。在制定免疫程序时，没有根据当地鸡病的流行特点、抗体水平的监测结果来合理制定免疫程序。在免疫方法上，多采用饮水免疫，容易出现饮水不均和时间过长造成免疫失败。在疫苗的贮存过程中，不按要求冷冻或冷藏，还有的不注意有效期，使疫苗的效价降低或失效。

四、鸡场免疫失败的原因

（一）疫苗运输保存不当

不同种类的疫苗所需的运输、保存条件不同。所以购买疫苗最好到信誉高，有一定规模的专营机构购买。

（二）消毒不严

免疫前鸡舍、水槽以及注射器、针头和滴管等免疫用器械未消毒或消毒不严，不仅污染疫苗，造成疫苗效价降低，而且还可能会引起免疫接种部位的感染，导致免疫应答水平下降，免疫失败。

（三）免疫程序不合理

养鸡场一定要根据本场实际情况及当地疫病的流行情况，制定切合实际的免疫程序，不能照抄照搬。

（四）免疫剂量不准确

一是免疫剂量不足，二是使用大剂量疫苗免疫，两者都不科学。因此，在购买疫苗时，除了要考虑免疫接种过程中的损失和浪费外，不要随意减少或加大疫苗免疫用量。

（五）稀释量不准

一般注射稀释量比较容易确定，而点眼和饮水免疫则困难一些，应根据实际情况而定。

（六）接种方法有误

每种疫苗都有特定的接种方法，不按要求进行就会引起免疫失败。因此，接种方法必须正确，根据鸡只不同日龄采用正确的方法接种足量的疫苗。饮水免疫时最好加入0.5%的脱脂奶粉，并在2 h内饮完。

（七）鸡群的状况不佳

鸡只营养不良、患病，尤其是患传染性法氏囊病以后，接种其他疫苗往往会形成免疫抑制，使之不能产生免疫或产生的免疫力低下，甚至还会引起鸡只死亡。免疫接种时间应尽量安排在鸡群健康时进行，否则会影响免疫效果。

附录二　推荐免疫程序

一、种鸡免疫程序

父母代肉种鸡免疫程序					
日(周)龄	疫苗名称	种类剂型	剂量	免疫方法	疫苗产地
1日龄	马立克氏病	CVI988+HVT	1：1	颈皮下注射	
5～7日龄	新城疫+传染性支气管炎	Ma5+Clone或VH+H120+28/86	1：1	点眼或滴鼻	进口
	新城疫/传染性支气管炎(油)	ND/IB-K	0.25 mL	颈皮下注射	进口
8日龄	病毒性关节炎	REOS1133	0.2 mL	颈皮下注射	进口
12日龄	传染性法氏囊病	D78/228E/MB	1：1	滴口	进口
	禽流感	H5+H9	0.35 mL	颈皮下注射	国产
18日龄	新城疫	VA/GA	1：1	点眼或滴鼻	进口

续表

日(周)龄	疫苗名称	种类剂型	剂量	免疫方法	疫苗产地
21日龄	鸡痘	POX	1：1	刺翅	进口
	霉形体病	MG-K	0.25 mL	颈皮下注射	进口
26日龄	传染性法氏囊病	228E/2512株	1：1	滴口	进口
	禽流感	H5(+Re-4+Re-5)	0.5 mL	肌肉注射	
35日龄	鸡痘			刺翅	进口
	新城疫+传染性支气管炎	LASOTA+MASS/CONN	1：1	点眼或滴鼻	进口
6周龄	病毒性关节炎	REOS1133	0.20 mL	颈皮下注射	进口
	传染性鼻炎	IC	0.50 mL	肌肉注射	进口
8周龄	新城疫+传染性支气管炎	LASOTA+MASS/CONN	1：1	点眼或滴鼻	进口
	新城疫(油)	ND-K	0.50 mL	肌肉注射	进口
10周龄	禽流感	H5+H9	0.50 mL	肌肉注射	国产

续表

日(周)龄	疫苗名称	种类剂型	剂量	免疫方法	疫苗产地
12周龄	传染性喉气管炎	ILT	1∶1	点鼻	进口
	脑脊髓炎+鸡痘	AE+FP	1∶1	刺翅	进口
14周龄	新城疫+传染性支气管炎	LASOTA+MASS/CONN	1∶1	点眼或滴鼻	进口
	新城疫(油)	ND-K	0.50 mL	肌肉注射	进口
16周龄	传染性鼻炎	IC	0.5~1.0 mL	肌肉注射	进口
17周龄	传染性贫血	CAV-K	0.50 mL	肌肉注射	进口
	减蛋综合征	EDS-76	0.50 mL	肌肉注射	进口
18周龄	霉形体病	MG-K	0.50 mL	肌肉注射	进口
19周龄	禽流感	H5(+Re-4+Re-5)	0.8 mL		国产
20周龄	新城疫+传染性支气管炎	LASOTA+MASS/CONN	1∶1	点眼或滴鼻	进口
	新城疫+传染性支气管炎+传染性法氏囊+病毒性关节炎(油)	ND+IB+G+REO-K	0.50 mL	肌肉注射	进口

续表

日(周)龄	疫苗名称	种类剂型	剂量	免疫方法	疫苗产地
24周龄	禽流感	H5	0.50 mL	肌肉注射	国产
		H9	0.50 mL		
25周龄	新城疫	VA/GA新威灵	1∶1	点眼或滴鼻	进口
	新城疫(油)	ND-K	0.50 mL	肌肉注射	
32周龄	新城疫+传染性支气管炎	LASOTA+MASS/CONN		点眼或滴鼻	进口
38周龄	新城疫	VA/GA	1∶1	点眼或滴鼻	进口
	新城疫+传染性支气管炎+传染性法氏囊(油)	ND+IB+IBDG-K	0.50 mL	肌肉注射	
42周龄	病毒性关节炎(油)	REO-K	0.50 mL	肌肉注射	进口
45周龄	禽流感	H5(+Re-4+Re-5)	0.80 mL	肌肉注射	国产
46周龄	新城疫+传染性支气管炎	LASOTA+MASS/CONN		点眼或滴鼻	进口
54周龄	新城疫	VA/GA		点眼或滴鼻	

二、蛋鸡免疫程序

日龄	疫　苗	免疫方法	剂　量
5～7	新城疫/传染性支气管炎/肾传支(NDL+IB/麻+康)或(Ma5+clone30)	点眼/点鼻	1～1.5羽份
	新城疫/传染性支气管炎(油)	颈皮下注射	0.3 mL
12～14	传染性法氏囊(多价苗)或(进口苗)	滴口	1～1.5羽份
15	禽流感(H5+H9)	颈皮下注射	0.5 mL
21	新城疫/传染性支气管炎/肾传支(ND+IB/H120+28/86)	饮水	3羽份
26	传染性法氏囊(多价苗)	饮水	3羽份
	禽流感H5N1Re-4+Re-5	颈皮下注射	0.5 mL
35	鸡痘	刺翅	2羽份
45	传染性喉气管炎	滴鼻	1羽份
50	新城疫/传染性支气管炎H120	滴眼	2羽份
	新城疫/传染性支气管炎(油)	胸肌注射	0.5 mL
60	禽流感(H5+H9)	颈皮下注射	0.5 mL
80	新城疫/传染性支气管炎H52	饮水	3羽份
90※	鸡痘/脑脊髓炎（进口）		
95	传染性喉气管炎	滴鼻	1羽份
100	禽流感H5N1Re-4+Re-5	肌肉注射	0.5 mL

续表

日龄	疫　苗	免疫方法	剂　量
115	新城疫L系+传染性支气管炎H120	滴眼	2羽份
	新城疫/传染性支气管炎/减蛋综合征(油)	肌肉注射	0.8 mL
125	※鸡痘	刺翅	2羽份
	禽流感(H5+H9)	肌肉注射	0.8 mL
160～170	新城疫/传染性支气管炎H120	饮水	4羽份
210	新城疫L系/克隆30	饮水	4羽份
250	新城疫/传染性支气管炎H120	饮水	4羽份
285	新城疫L系/克隆30	饮水	4羽份
320	新城疫/传染性支气管炎H120	饮水	4羽份
360	新城疫L系/克隆30	饮水	4羽份
410	新城疫/传染性支气管炎H120	饮水	4羽份

※ 9月底前鸡痘苗刺完。禽流感苗常见的血清型每种注射2次以上。

三、肉鸡免疫程序

日龄	免疫项目	接种方法	剂量或羽份
5～7	新城疫/传染性支气管炎（双价）	滴鼻点眼	1～1.2羽份/只
	新城疫/禽流感灭活苗	颈部皮下注射	0.3～0.35 mL/只
12～14	传染性法氏囊	饮水	1.2～1.5羽份/只
21	新城疫/传染性支气管炎	饮水	2～3羽份/只
33～35	新城疫	饮水	3～4羽份/只

注：28日龄IBD可做可不做，根据当地情况进行适当调整，建议使用进口疫苗。

附录三　规范用药原则（种鸡、蛋鸡、肉鸡）

在养鸡实践中，科学规范用药是必须的，如果用药不按标准和规范去做，会带来一系列严重的后果。如蛋鸡产蛋量下降，肉鸡生长速度下降，病情加重或死亡。特别是使用一些禁用药物造成药物残留，其产品国家禁止出口，导致养鸡户养殖失败和造成不可估量的经济损失。因此，鸡场应科学、规范、合理地使用兽药，规范用药品种，杜绝使用禁用药物，避免药物残留。慎用有停药期的药物。严格用药时间，保证产品的食用安全。

一、严格遵守国家关于使用兽药的相关规定

养鸡户所用兽药应符合《中华人民共和国药典》、《中华人民共和国兽药规范》、《兽药质量标准》、《进口兽药质量标准》、《兽用生物制品质量标准》的有关规定，以及行业制定的出口肉鸡使用兽药规定。所用兽药应来源于规范的兽药生产厂家，或者具有《进口兽药登记许可证》的供应商。兽药标签应符合兽药管理条例的规定。严禁使用国家明令的盐酸克伦特罗、氯霉素等禁用药物以及出口肉鸡行业规定的禁用药物，如二甲硝咪唑、呋喃唑酮、甲硝唑、土霉素、恩诺沙星、环丙沙星、四环素、洛硝达唑、泰乐菌素、杆菌肽、磺胺喹噁啉、诺氟沙星、氧氟沙星、金霉素、红霉素等。慎重选用有停药期的药物，如青霉素、丁胺卡那霉素、盐霉素、莫能霉素、氨苄西林、新霉素、庆大霉素、黏杆霉素、马杜霉素、林可霉素等。

二、坚持预防为主、治疗为辅的原则

预防为主：养鸡户要严格按照免疫程序对不同日龄的鸡只给予免疫。药物也可做预防性投放，做到防患于未然。

治疗用药原则：种鸡、蛋鸡生长期较长，各阶段生理特点不同，要结合这些特点给予投药。育雏阶段以预防大肠杆菌病、鸡白痢、球虫病、支原体病等为重点。育成阶段以预防大肠杆菌病、球虫病、传染性喉气管炎、传染性支气管炎为重点。产蛋阶段以预防新城疫、禽流感、传染性喉气管炎、细菌性生殖道感染等病为重点。肉鸡预防用药以大肠杆菌病、慢性呼吸道病、球虫病和营养代谢病为主。除考虑预防效果外，还要注意药物对机体的副作用，如某些药物引起的稀便、肾脏肿大、影响进食造成增长缓慢等。同时要特别注意对药物的选择，严禁饲喂禁用药、合理选用有停药期的药物，以免出现药残超标，影响产品质量。同时选用一些中药散剂对肉鸡某些疾病有一定的疗效。

参考文献

[1] 王新华. 鸡病类症鉴别诊断彩色图谱. 北京：中国农业出版社，2009.

[2] 刘晨，许日龙. 实用禽病图谱. 北京：中国农业科技出版社，1992.

[3] 陈鹏举，张光辉. 鸡病诊治原色图谱. 郑州：河南科学技术出版社，2010.